Common Vascular Plants in Kunyu Mountain

昆嵛山
常见维管植物

卞福花　主编

科学出版社

北　京

内 容 简 介

本书收录了山东省昆嵛山常见维管植物105科365属614个分类群，包括蕨类植物12科15属17种1变种，裸子植物3科6属8种，被子植物90科344属567种18变种3亚种。每个物种均有主要的形态识别特征描述，包括生长习性、营养器官和繁殖器官的主要特征、花果期等；同时每种附有彩色图片2-4张；书中还介绍了部分种类的主要经济价值和应用价值。本书物种特征描述科学规范，简明扼要，图文并茂，内容丰富，兼具科学、应用、鉴赏于一体。

本书适合大专院校院校生命科学学院、药学院、环境学院等与植物野外实习相关专业学生阅读，也可作为农、林、保护区等相关机构的科研人员、管理人员及植物爱好者的参考资料。

图书在版编目（CIP）数据

昆嵛山常见维管植物/卞福花主编. —北京：科学出版社，2019.1
ISBN 978-7-03-058951-4

Ⅰ. ①昆… Ⅱ. ①卞… Ⅲ. ①维管植物 - 介绍 - 烟台
Ⅳ. ①Q949.408

中国版本图书馆CIP数据核字（2018）第221741号

责任编辑：朱 瑾 王 好／责任校对：郑金红
责任印制：肖 兴／设计制作：金舵手世纪

科 学 出 版 社 出版
北京东黄城根北街16号
邮政编码：100717
http://www.sciencep.com

中国科学院印刷厂 印刷
科学出版社发行 各地新华书店经销
*

2019年1月第 一 版 开本：889×1194 1/16
2019年1月第一次印刷 印张：21 1/2
字数：666 000

定价：328.00元
（如有印装质量问题，我社负责调换）

编　委　会

　　植物不仅将自然界装点得多姿多彩，也是人类及其他生物赖以生存的物质基础。我国是世界上生物多样性最为丰富的国家之一，拥有高等植物3万多种，居世界第三位。昆嵛山地处胶东半岛东端，属暖温带季风型大陆性气候，四季分明，气候温和，光照充足，雨热同期，雨量充沛。良好的自然环境孕育了丰富的生物资源，植物多样性明显，野生高等植物1000余种，是山东植物资源丰富的基因库之一。

　　多年来，卞福花博士及同事多次走进昆嵛山，对昆嵛山的植物进行考察。在连续多年的考察活动中，拍摄了大量不同季节、不同生活期和不同环境下的植物照片，并记录了不同条件下的植物形态特征，积累了丰富的昆嵛山植物资料。《昆嵛山常见维管植物》是编者多年对昆嵛山科学考察成果的结晶。该书主要收集了昆嵛山辖区内常见野生维管植物，同时还收录了引种数量较多的部分常见木本植物。该书对每种植物的生长习性、营养器官、生殖器官、物候期等进行了描述，同时附有相应的彩色照片。

　　该书集科学性、实用性、艺术性于一体，图文并茂、简明扼要，适用范围广，是一本地区性植物分类难得的好书。我相信，该书的出版对当地植物科学的发展，提高市民对植物的兴趣，进而提升人们保护植物、保护环境的意识有着重要的意义，同时，对保护山东省这一重要的植物基因库起到积极的作用。在此，谨向该书编者多年来付出辛勤劳动所获得的成果表示衷心祝贺！

管开云

研究员 博士 博士生导师
国际山茶协会主席
2018 年 9 月 13 日

地球上现存的维管植物有 25 万 -30 万种，尽管目前对维管植物的分类尚存分歧，但常见维管植物对自然环境和人类生活具有重要作用。该书编者主要以昆嵛山国家级自然保护区辖区内常见野生维管植物（蕨类植物、裸子植物和被子植物，包括部分逸生和归化植物）为主，共收集维管植物 105 科365 属 614 个分类群，包括蕨类植物 12 科 15 属 17 种 1 变种，裸子植物 3 科 6 属 8 种，被子植物 90科 344 属 567 种 18 变种 3 亚种。

以下福花博士为主的编者十几年来一直进行植物分类学和保护生物学的研究，特别是通过指导学生在昆嵛山保护区进行野外教学实习，对该地区常见野生维管植物的丰富资源、植物多样性，以及不同季节、不同生活时期和不同生境下的植物形态特征进行了详细研究和记录，积累了丰富的昆嵛山植物图像和文字资料。他们用科学的态度、严谨的学风和务实的作风，记载了昆嵛山常见维管植物的科学名称、形态特征、生态环境、地理分布、经济用途和物候期等，包括每个物种的特征描述，以及对应的植株、叶、花、果实等的彩色照片，直观生动，其中很多种属于昆嵛山乃至山东省重要的植物类群，是认识昆嵛山植物的重要参考资料，集结成册出版，丰富了相关著作资源，对国家级保护区植物资源管护具有十分重要的意义。同时，可以帮助相关专业师生的教学实践，激发植物爱好者的广泛兴趣。

本人虽然对植物分类学没有更深的研究，但是，受编者之托，看了著作的样本后，感佩编者的执着精神和该书较高的学术价值，寥表心意，为之序。期待科学性、实用性兼具的《昆嵛山常见维管植物》早日出版。

烟台大学教授

山东植物学会副理事长

2018 年 9 月 25 日

PREFACE 前 言

　　昆嵛山地处胶东半岛东端，属长白山系，崂山山脉，横亘山东烟台、威海两地，与艾山、牙山、大泽山等横贯胶东半岛的中部和北部，昆嵛山构成胶东半岛南北水系的分水岭，是胶东半岛东部木渚河、黄垒河、汉河、沁水河四大河流发源地。山高坡陡，气势雄伟，沟壑纵横，林深谷幽，其主峰泰礴顶，海拔 923 米，相对高差近 900 米，构成胶东半岛之脊。昆嵛山区属暖温带季风型大陆性气候，四季分明，气候温和，雨热同期，雨量充沛，光照充足。良好的自然环境孕育了丰富的生物资源，植物多样性明显，野生高等植物 1000 余种，其中维管植物 800 有余，区系成分复杂，是山东植物资源丰富的基因库之一。2008 年 1 月 14 日，国务院批准成立昆嵛山国家级自然保护区。

　　编者于 2008-2011 年参与了国家大科学工程——中国西南野生生物种质资源库的部分工作，加上持续多年的昆嵛山野外教学实习经历，使我们有更多机会走进昆嵛山，进一步认识昆嵛山的植物多样性。在此过程中留存了大量不同季节、不同生活期和不同环境下的植物照片，并记录了不同条件下的植物形态特征，积累了丰富的昆嵛山植物图像和文字资料。为有助于更好保护山东省这一重要的植物基因库，为有助于前来实习的师生们可以尽快了解昆嵛山，为有助于广大自然爱好者可以更好地亲近自然、发现自然之美，我们将多年积累和沉淀的劳动成果整理成册，与大家共享。

　　本书主要以昆嵛山辖区内常见野生维管植物（蕨类植物、裸子植物和被子植物，包括部分逸生和归化植物）为主，此外还收录了 20 世纪引种数量较多的常见木本植物，如鹅掌楸、水杉等，对此书中做了特殊说明。书中对记录物种的丰富度未做详细的统计，"常见"物种为作者在调查线路、游览线路、实习线路等所到之处的路遇种类，而非统计学上的"常见"，如天麻，多年中也仅见到几株（或丛），应列为珍稀濒危类，本书收录的一些物种已被有些学者列为濒危或稀有物种。

　　依据参考资料记载同时结合我们多年的观察，蕨类植物的特征描述主要包括其生长习性、叶片、孢子囊群；种子植物的特征描述包括生长习性、营养器官、生殖器官、物候期等，同时附有彩色照片。对于每种植物，多变的叶形、鲜艳的花冠、奇异的果实，是比较直观且易于辨认的部分，因此特征的描述主要体现在这些结构上，而花蕊、毛、刺等细微结构少有描述，尤其如毛的分枝、某些种类子房的形状等，需要解剖并用放大镜来观察，程序繁琐，不便于操作，不适合野外或非专业的人员辨认，故书中描述略去。此外，书中附有部分植物的别名和应用价值。本书共收集维管植物 105 科 614个分类群，其中蕨类植物各科按秦仁昌（1978）系统排列，裸子植物各科按郑万钧 (1978) 系统排列，被子植物各科按克郎奎斯特系统排列；属和种按拉丁学名的字母顺序排列。

　　本书主要参考《中国植物志》、《山东植物志》和 *Flora of China*（FOC），《山东植物志》与《中国植物志》有冲突时，名字以《中国植物志》为准。有些种在 FOC 做了修订，由于《中国植物志》更加深入人心，所以本书编排仍按照《中国植物志》的顺序和命名。FOC 中修订的属或种在其原名之后分别做相应说明；中文名与 FOC 中的不一致时，做相应说明；中文名相同、学名不同的只写修订后的学名，仅供读者参考。

　　本书集科学性、实用性、艺术性于一体，图文并茂、简明扼要，适用范围广。如果本书能为专业人员、各院校青年学子、植物爱好者发挥些许作用，我们将倍感荣幸和自豪。

　　在本书即将付印之时，回首成书过程中得到的多方帮助，心中充满无限感激。

　　本书的出版得到烟台大学学校及生命科学学院领导的鼎力支持并获得烟台大学生物学学科特区

的资助，在此表示衷心地感谢。感谢昆嵛山国家级自然保护区在本书资料收集过程中给予的大力支持和帮助，更要感谢吕以璞老场长、唐中国书记及各分场领导不厌其烦地一次次予以指导并提出宝贵建议。在本书编写过程中，西南林业大学向建英博士对蕨类植物的鉴定提出宝贵意见，中国科学院植物研究所刘冰博士对全书认真仔细地审读，更加让我们感激不尽，中国科学院西双版纳热带植物园罗艳博士、中国科学院昆明植物研究所蔡杰博士提供了部分照片。

其他所有提供过不同形式帮助的师长、朋友恕不一一列举致谢。

鉴于编者水平有限，错误和不足之处恳请各位专家批评指正。

编　者

2018 年 9 月 26 日

CONTENTS 目 录

序一
序二
前言

蕨类植物 Pteridophyta

裸子植物 Gymnospermae

被子植物 Angiospermae

蕨 类 植 物

Pteridophyta

1　卷柏科 Selaginellaceae ｜ 卷柏属 Selaginella P. Beauv

中华卷柏 Selaginella sinensis (Desv.) Spring

茎匍匐，长 10-40 厘米。主茎通体羽状分枝；侧枝 10-20，一次至二次或二次至三次分叉，小枝稀疏。叶全部交互排列，略二形，纸质。分枝上的腋叶对称，窄倒卵形；中叶多少对称，小枝上的卵状椭圆形；侧叶多少对称，略上斜，在枝的先端呈覆瓦状排列。

2　木贼科 Equisetaceae ｜ 木贼属 Equisetum L.

问荆 Equisetum arvense L.

地上茎二型。能育枝春季先萌发，高 5-35 厘米，节间长 2-6 厘米，黄棕色，无轮茎分枝；不育枝后萌发，高达 40 厘米，节间长 2-3 厘米，绿色，轮生分枝多；侧枝柔软纤细，扁平状。孢子囊穗圆柱形，长 1.8-4.0 厘米，直径 0.9-1.0 厘米，顶端钝；成熟时柄伸长，柄长 3-6 厘米。

节节草 Equisetum ramosissimum Desf.

地上茎一型，高可达 80 厘米，中部直径 1-3 毫米，节间长 2-6 厘米，绿色；主枝多在下部分枝，常形成簇生状；幼枝的轮生分枝明显或不明显；侧枝较硬，圆柱状；有脊 5-8，脊上平滑或有一行小瘤或有浅色小横纹；鞘齿 5-8，披针形，革质但边缘膜质，上部棕色，宿存。孢子囊穗短棒状或椭圆形，长 0.5-2.5 厘米，中部直径 0.4-0.7 厘米，顶端有小尖突；无柄。

3 　阴地蕨科 Botrychiaceae　│　阴地蕨属 Botrychium Sw.

阴地蕨 Botrychium ternatum (Thunb.) Sw.

根状茎短而直立。营养叶柄细，长 3-8 厘米，有时更长，光滑无毛；叶片阔三角形，长 8-10 厘米，宽 10-12 厘米，短尖头，三回羽状分裂；侧生羽片 3-4 对，几对生或近互生，有柄，基部一对最大。孢子叶有长柄，长 12-25 厘米，远远超出营养叶之上；孢子囊穗圆锥状，长 4-10 厘米，宽 2-3 厘米，二回至三回羽状，小穗疏松，略张开，无毛。

全草药用，有清凉解毒、止咳、化痰的功效。

4 　紫萁科 Osmundaceae ｜ 紫萁属 Osmunda L.

紫萁 Osmunda japonica Thunb.

植株高 50-80 厘米或更高。叶簇生，直立，柄长 20-30 厘米，幼时被密绒毛，不久脱落；叶片三角广卵形，长 30-50 厘米，顶部一回羽状，其下为二回羽状；叶脉两面明显，自中肋斜向上，二回分歧，小脉平行；叶为纸质，成熟后光滑无毛。孢子叶同营养叶等高或稍高，羽片和小羽片均短缩，小羽片变成线形，长 1.5-2 厘米，沿中肋两侧背面密生孢子囊。

5 　蕨科 Pteridiaceae ｜ 蕨属 Pteridium Gled. ex Scop.

蕨 Pteridium aquilinum (L.) Kuhn var. latiusculum (Desv.) Underw. ex Heller

植株高可达 1 米。叶片阔三角形或长圆三角形，先端渐尖，基部圆楔形，三回羽状；羽片 4-6 对，二回羽状；小羽片约 10 对，一回羽状；中部以上的羽片逐渐变为一回羽状，长圆披针形，基部较宽，对称，先端尾状；叶面无毛，叶背在裂片主脉上多少被棕色或灰白色的疏毛或近无毛。

根状茎提取的淀粉称蕨粉，供食用，根状茎的纤维可制绳缆，耐水湿；嫩叶可食，称蕨菜；全株入药，驱风湿、利尿、解热，又可作驱虫剂。

6　蹄盖蕨科 Athyriaceae ｜ 假蹄盖蕨属 Athyriopsis Ching
FOC 已修订为对囊蕨属 Deparia Hook. et Grev.

山东假蹄盖蕨 Athyriopsis shandongensis J. X. Li et Z. C. Ding
FOC 已修订为山东对囊蕨 Deparia shandongensis (J. X. Li et Z. C. Ding) Z. R. He

根状茎先端密被褐色、全缘的阔披针形鳞片。叶近二型；能育叶较大，柄长达 30 厘米，不育叶柄长 10 厘米以下；叶片阔披针形，顶部渐尖；侧生分离羽片披针形或镰状披针形，先端急尖或渐尖，基部阔楔形；叶草质。孢子囊群粗短线形，大多通直，成熟时常呈椭圆形，每裂片 1-4 对，生于小脉下部上侧，接近裂片主脉，大多单生；囊群盖黄褐色，膜质，边缘浅啮蚀状。

蹄盖蕨属 Athyrium Roth

日本蹄盖蕨 Athyrium niponicum (Mett.) Hance
FOC 已修订为日本安蕨 Anisocampium niponicum (Beddome) Yea C. Liu W. L. Chiou et M. Kato

叶簇生；叶柄基部密被浅褐色、狭披针形的鳞片；叶卵状长圆形，先端急狭缩，基部阔圆形，中部以上二回至三回羽状；小羽片互生，基部不对称，上侧近截形，成耳状凸起，与羽轴并行，下侧楔形，两侧有粗锯齿或羽裂几达小羽轴两侧的阔翅；叶脉背面明显，在裂片上为羽状。孢子囊群长圆形、弯钩形或马蹄形；囊群盖同形，褐色，膜质。

禾秆蹄盖蕨 Athyrium yokoscense (Franch. et Sav.) Christ 横须贺蹄盖蕨

根状茎先端密被黄褐色、狭披针形的鳞片。叶柄基部深褐色，密被与根状茎上同样的鳞片，向上禾秆色；叶长圆状披针形，渐尖头，基部不变狭，深羽裂二回至三回；小羽片浅羽裂，长圆状披针形，尖头，基部上侧有耳状凸起，下侧下延，通常以狭翅与羽轴相连，两侧浅羽裂或仅有粗锯齿，裂片顶部有短尖锯齿 2-3；叶脉背面明显；叶轴和羽轴背面禾秆色，腹面沿沟两侧边上有贴伏的短硬刺。孢子囊群近圆形或椭圆形，生于主脉与叶边中间；囊群盖椭圆形、弯钩形或马蹄形，浅褐色，膜质，全缘，宿存。

7　**肿足蕨科** Hypodematiaceae　**肿足蕨属** **Hypodematium** Kunze

鳞毛肿足蕨 **Hypodematium squamuloso-pilosum** Ching

　　植株高 12-30 厘米。叶柄膨大的基部密被鳞片，叶柄被较密的灰白色柔毛；叶三回至四回羽裂，向上二回至三回羽裂；羽片有柄，基部 1 对对生，向上为互生；叶草质，两面被较密的灰白色细柔毛，正面的毛较短，叶轴和各回羽轴两面的毛较长而密，沿叶轴和羽轴中部以下疏生易落的红棕色、扭曲的线形鳞片。孢子囊群圆形，每裂片有孢子囊 1-3，背生于侧脉中部；囊群盖中等大，圆肾形，平覆在囊群上，不隆起，灰棕色。

8　**铁角蕨科** Aspleniaceae　**铁角蕨属** **Asplenium** L.

虎尾铁角蕨 **Asplenium incisum** Thunb.

　　植株高 10-30 厘米。叶密集簇生；叶柄上面两侧各有淡绿色的狭边 1，有光泽，上面有浅阔纵沟；叶阔披针形，两端渐狭，先端渐尖，一回至二回羽状；羽片 12-22 对，下部的对生或近对生，向上互生；小羽片 4-6 对，互生，斜展，彼此密接，基部 1 对较大，无柄或多少与羽轴合生并沿羽轴下延；叶薄草质，光滑。孢子囊群椭圆形，棕色，斜向上，生于小脉中部或下部，紧靠主脉；囊群盖椭圆形，灰黄色，后变淡灰色。

过山蕨属 Camptosorus Link   FOC 已修订为铁角蕨属 Asplenium L.

过山蕨 Camptosorus sibiricus Rupr.   FOC 已修订为 Asplenium ruprechtii Sa. Kurata

　　植株高不足 20 厘米。叶簇生；基生叶不育，较小，叶椭圆形；叶柄长 1-5 厘米；叶较大，披针形，长 5-15 厘米，全缘或略呈波状，基部楔形或圆楔形以狭翅下延于叶柄，延伸成鞭状，末端稍卷曲。孢子囊群线形或椭圆形，在主脉两侧各形成不整齐的 1-3 行，通常靠近主脉的 1 行较长；囊群盖狭，同形，膜质。

9 岩蕨科 Woodsiaceae │ 岩蕨属 Woodsia R. Br.

耳羽岩蕨 Woodsia polystichoides Eaton

　　植株高 15-30 厘米。叶簇生；叶柄禾秆色或棕禾秆色，顶端或上部有倾斜的关节；叶线状披针形或狭披针形，向基部渐变狭，一回羽状，基部 1 对呈三角形，中部羽片较大，疏离，椭圆披针形或线状披针形，略呈镰状，基部不对称，有明显的耳形凸起；叶脉明显，羽状，小脉斜展，二叉，先端有棒状水囊。孢子囊群圆形，着生于二叉小脉的上侧分枝顶端，每裂片有 1（羽片基部上侧的耳形凸起有 3-6），靠近叶边；囊群盖杯形。

10　鳞毛蕨科 Dryopteridaceae　｜　耳蕨属 Polystichum Roth

戟叶耳蕨 Polystichum tripteron (Kunze) C. Presl

植株高 30-65 厘米。叶草质；叶柄基部以上禾秆色，连同叶轴和羽轴疏生披针形小鳞片；叶片戟状披针形，具三枚椭圆披针形的羽片；侧生一对羽片较短小，长 5-8 厘米，有短柄，斜展；中央羽片较大，长 30-40 厘米，有长柄，一回羽状；小羽片均互生，近平展，下部的有短柄，向上近无柄，中部的镰形，渐尖头，基部下侧斜切，上侧截形，具三角形耳状突起，边缘有粗锯齿或浅羽裂，锯齿及裂片顶端有芒状小刺尖。孢子囊群圆形，生于小脉顶端；囊群盖圆盾形。

鳞毛蕨属 Dryopteris Adanson

半岛鳞毛蕨 Dryopteris peninsulae Kitag.

植株高 50 余厘米。叶簇生；叶柄淡棕褐色，有 1 纵沟，基部密被棕褐色、膜质、线状披针形至卵状长圆形且具长尖头的鳞片，向上连同叶轴散生栗色或基部栗色上部棕褐色、边缘疏生细尖齿、披针形至长圆形的鳞片；叶厚纸质，二回羽状；羽轴禾秆色，疏生线形易脱落的鳞片。孢子囊群圆形，较大，通常仅叶片上半部生有孢子囊群，沿裂片中肋排成 2 行；囊群盖圆肾形至马蹄形，近全缘，成熟时不完全覆盖孢子囊群。

中华鳞毛蕨 Dryopteris chinensis (Bak.) Koidz.

植株高 25-35 厘米。根状茎粗短，连同叶柄基部密生棕色或有时中央褐棕色的披针形鳞片。叶簇生；叶柄禾秆色；叶五角形渐尖头，基部四回羽裂，中部三回羽状；一回小羽片斜展，下侧的较上侧的为大，基部一片更大，二回羽裂，末回小羽片或裂片三角状卵形或披针形，钝头，边缘羽裂或有粗齿；叶纸质，叶面光滑，叶背沿叶轴及羽轴有褐棕色披针形小鳞片，沿叶脉生稀疏的棕色短毛。孢子囊群生于小脉顶部，靠近叶边；囊群盖圆肾形，近全缘，宿存。

11 骨碎补科 Davalliaceae ｜ 骨碎补属 Davallia Sm.

骨碎补 Davallia mariesii Moore ex Bak. 海州骨碎补　　　FOC 已修订为 **Davallia trichomanoides** Bl.

植株高 15-40 厘米。叶柄深禾秆色或带棕色，正面有浅纵沟，基部被鳞片，向上光滑；叶五角形，四回羽裂；羽片 6-12 对，基部 1 对最大，三角形；一回小羽片互生，二回小羽片无柄，裂片椭圆形，极斜向上，钝头，单一或二裂为不等长的钝齿。孢子囊群生于小脉顶端，每裂片有 1；囊群盖管状，先端截形，外侧有一尖角，褐色，厚膜质。

根状茎药用，有坚骨、补肾之效。

罗艳 摄

12 水龙骨科 Polypodiaceae | 瓦韦属 Lepisorus (J. Sm.) Ching

瓦韦 Lepisorus thunbergianus (Kaulf.) Ching

植株高 8-20 厘米。根状茎横走，密被披针形鳞片；鳞片褐棕色，大部分不透明，仅叶边 1-2 行网眼透明，具锯齿。叶柄长 1-3 厘米，禾秆色；叶线状披针形，或狭披针形，中部最宽 0.5-1.3 厘米，渐尖头，基部渐变狭并下延，纸质；主脉上下均隆起，小脉不见。孢子囊群圆形或椭圆形，彼此相距较近，成熟后扩展几密接，幼时被圆形褐棕色的隔丝覆盖。

裸子植物

Gymnospermae

1 松科 Pinaceae | 落叶松属 Larix Mill.

日本落叶松 Larix kaempferi (Lamb.) Carr.

乔木，高达 30 米。树皮暗褐色，纵裂粗糙，成鳞片状脱落。短枝上历年叶枕形成的环痕特别明显。叶倒披针状条形，叶面稍平，叶背中脉隆起，两面均有气孔线，通常 5-8 条，尤以叶背多而明显。雄球花淡褐黄色，卵圆形；雌球花紫红色，苞鳞反曲，有白粉，先端三裂，中裂急尖。球果卵圆形或圆柱状卵形，熟时黄褐色。种子倒卵圆形，种翅上部三角状，中部较宽。花期 4-5 月；球果 10 月成熟。

可作造林树种。昆嵛山 1952 年开始多次引种，广泛栽植。

松属 Pinus L.

华山松 Pinus armandii Franch.

乔木，高达 35 米。老树树皮呈灰色，裂成方形或长方形厚块片固着于树干上，或脱落。针叶 5（稀 6-7）针一束。雄球花黄色，卵状圆柱形，多数集生于新枝下部成穗状，排列较疏松。球果圆锥状长卵圆形，成熟种鳞张开，种子脱落。种子黄褐色、暗褐色或黑色，倒卵圆形，无翅或两侧及顶端具棱脊，稀具极短的木质翅。花期 4-5 月；球果翌年 9-10 月成熟。

可供建筑、枕木、家具及木纤维工业原料等用材；树干可割取树脂；树皮可提取栲胶；针叶可提炼芳香油；种子食用，亦可榨油。昆嵛山 1968 年开始多次引种。

赤松 **Pinus densiflora** Sieb. et Zucc.

乔木，高达 30 米。树皮橘红色，裂成不规则的鳞片状块片脱落。枝平展形成伞状树冠。针叶 2 针一束，两面有气孔线。雄球花淡红黄色，圆筒形；雌球花淡红紫色，单生或 2-3 聚生。球果成熟时暗黄褐色或淡褐黄色，种鳞张开，薄。种子倒卵状椭圆形或卵圆形，连翅长 1.5-2 厘米。花期 4 月；球果翌年 9 月下旬至 10 月成熟。

可供建筑、电杆、枕木、矿柱（坑木）、家具、火柴杆、木纤维工业原料、提取松香及松节油等用；种子榨油，可供食用及工业用；可作庭园树和造林树种。

黑松 **Pinus thunbergii** Parl.

乔木，高达 30 米。老树树皮灰黑色，粗厚，裂成块片脱落。针叶 2 针一束。雄球花淡红褐色，圆柱形，聚生于新枝下部；雌球花单生或 2-3 聚生于新枝近顶端，直立。球果圆锥状卵圆形或卵圆形，有短梗，向下弯垂。种子倒卵状椭圆形，连翅长 1.5-1.8 厘米，种翅灰褐色，有深色条纹。花期 4-5 月；种子翌年 10 月成熟。

可作建筑、矿柱、器具、板料、薪炭、造林树种、庭园树种等；亦可提取树脂。昆嵛山 20 世纪 60 年代开始多次引种。

2　**杉科** Taxodiaceae　│　**柳杉属** Cryptomeria D. Don.

柳杉 **Cryptomeria fortunei** Hooibrenk ex Otto et Dietr.
FOC 已修订为日本柳杉 **Cryptomeria japonica** (Thunb. ex L. f.) D. Don.

　　乔木，高达 40 米。树皮红棕色，纤维状，裂成长条片脱落。大枝近轮生，平展或斜展；小枝细长，常下垂。叶钻形略向内弯曲，先端内曲，四边有气孔线。雄球花单生叶腋，长椭圆形，集生于小枝上部，成短穗状花序状；雌球花顶生于短枝上。球果圆球形或扁球形；种鳞约 20，能育的种鳞有种子 2。种子褐色，近椭圆形，扁平，边缘有窄翅。花期 4 月；球果 10 月成熟。

　　可供房屋建筑、电杆、器具、家具及造纸原料等用材；又为园林树种。昆嵛山 1971 年开始引种。

杉木属 Cunninghamia R. Br.

杉木 **Cunninghamia lanceolata** (Lamb.) Hook.

　　乔木，高达 30 米。树皮灰褐色，裂成长条片脱落，内皮淡红色。叶在主枝上辐射伸展，侧枝之叶基部扭转成二列状，披针形或条状披针形，革质、坚硬。雄球花圆锥状，通常 40 余簇生枝顶；雌球花单生或 2-4 集生。球果卵圆形，熟时苞鳞革质，棕黄色；种鳞很小，先端三裂，腹面着生种子 3。种子扁平，遮盖着种鳞，两侧边缘有窄翅。花期 4 月；球果 10 月下旬成熟。

　　供建筑、桥梁、造船、矿柱、木桩、电杆、家具及木纤维工业原料等用；树皮含单宁。昆嵛山 1952 年开始多次引种。

水杉属 Metasequoia Hu et W. C. Cheng

水杉 Metasequoia glyptostroboides Hu et Cheng

乔木，高达 35 米。树皮灰色、灰褐色或暗灰色，幼树裂成薄片脱落，大树裂成长条状脱落，内皮淡紫褐色。侧生小枝排成羽状。叶条形，沿中脉有两条淡黄色气孔带，每带有气孔线 4-8；叶在侧生小枝上列成二列，羽状。球果下垂，近四棱状球形或矩圆状球形；种鳞木质，盾形，通常 11-12 对，交叉对生，能育种鳞有种子 5-9。种子扁平，倒卵形、圆形或矩圆形，周围有翅，先端有凹缺。花期 2 月下旬；球果 11 月成熟。

可供建筑、板料、电杆、家具及木纤维工业原料、庭园树种等用。昆嵛山 1959 年引种。

3 柏科 Cupressaceae | 扁柏属 Chamaecyparis Spach

日本花柏 Chamaecyparis pisifera (Sieb. et Zucc.) Endl.

乔木，高达 50 米。树皮红褐色，裂成薄皮脱落。树冠尖塔形。生鳞叶小枝条扁平，排成一平面。鳞叶先端锐尖；侧面之叶较中间之叶稍长；小枝上面中央之叶深绿色，下面之叶有明显的白粉。球果圆球形，径约 6 毫米，熟时暗褐色；种鳞 5-6 对，顶部中央稍凹，有凸起的小尖头，发育的种鳞各有种子 1-2。种子三角状卵圆形，有棱脊，两侧有宽翅，径 2-3 毫米。

昆嵛山 1971 年及 1980 年引种。

被 子 植 物

Angiospermae

1 木兰科 Magnoliaceae ｜ 鹅掌楸属 Liriodendron L.

鹅掌楸 **Liriodendron chinense** (Hemsl.) Sargent 马褂木

　　落叶大乔木，高可达 40 米。小枝灰色或灰褐色。叶马褂状，叶背密生白粉状的乳头状突起，长 4-18 厘米，宽 5-19 厘米，中部每边有一宽裂片，基部每边也常具一裂片。花单生于枝顶，杯状，直径 5-6 厘米；花被 9，3 轮，花被片外面绿色，内面黄色；雄蕊和心皮多数，覆瓦状排列。聚合果纺锤形，长 7-9 厘米，由具翅的小坚果组成；每一小坚果内有种子 1-2。

　　叶形奇特，庭园常见树种；树皮入药，祛湿风寒。昆嵛山 1971 年引种。

罗艳 摄

木兰属 Magnolia L.

紫玉兰 **Magnolia liliflora** Desr. 　　FOC 已修订为辛夷 **Yulania liliiflora** (Desr.) D. C. Fu

　　落叶灌木或小乔木。小枝紫褐色，平滑无毛。叶椭圆形或倒卵状椭圆形，先端渐尖或急尖，基部楔形，全缘，正面暗绿色，背面淡绿色。花先叶开放或偶开放于叶后，花大，杯状；花萼 3，绿色，卵状披针形，长为花瓣的 1/4-1/3，通常早脱；花被片 6，外面紫红色，内面白色，倒卵形，长 8-10 厘米；雄蕊多数，螺旋排列；花药淡黄色，心皮多数分离，亦螺旋排列。聚合蓇葖果长圆柱形，有时稍弯曲。花期 4-5 月；果期 9 月。

　　传统观赏植物；树皮、叶、花蕾均可入药，花蕾晒干后称辛夷，主治鼻炎、头痛，作镇痛消炎剂；亦作玉兰、白兰等木兰科植物的嫁接砧木。昆嵛山 1976 年引种。

2 樟科 Lauraceae ｜ 山胡椒属 Lindera Thunb.

红果山胡椒 Lindera erythrocarpa Makino 红果钓樟

　　落叶灌木或小乔木，高可达 5 米。树皮灰褐色。叶披针状倒卵形，叶面绿色，有稀疏贴伏短柔毛或近无毛；叶背带绿苍白色，疏有贴伏短柔毛；叶脉上较密，具羽状脉，侧脉 4-5 对；叶柄短，长约 1 厘米。雌雄异株，伞形花序腋生，总苞片 4；能育雄蕊 9，花药 2 室，皆内向瓣裂，第三轮雄蕊基部具 2 腺体。果实球形，熟时红色。花期 4 月；果期 9-10 月。

山胡椒 Lindera glauca (Sieb. et Zucc.) Bl. 崂山棍

　　落叶灌木或小乔木，高可达 8 米。树皮灰色、平滑，芽鳞片红褐色。叶全缘，薄革质，多为长椭圆形至倒卵状椭圆形，叶面深绿色，叶背浅绿色，密生细柔毛。雌雄异株，腋生伞形花序，花序梗短；花被片 6，黄色。浆果球形，熟时黑色或紫黑色。花期 4 月；果期 9-10 月。

三桠乌药 Lindera obtusiloba Bl. 假崂山棍

落叶灌木或小乔木，高可达 10 米。叶纸质，卵形或近圆形，全缘或上部 3 裂，叶面绿色，有光泽，叶背带绿苍白色，密生棕黄色绢毛，三出脉，稀五出脉；叶柄长 1.2-2.5 厘米。雌雄异株；伞形花序腋生；总花梗极短；花黄白色，于叶前开花，能育雄蕊 9，花药 2 室，皆内向瓣裂。果实球形，成熟时红色，后变紫黑色及黑褐色。花期 3-4 月；果期 8-9 月。

种仁含油约 60%，供制润滑油、润发油、肥皂等，油粕可作肥料；果皮和枝叶提取芳香油；木材致密，供细木工用。

3   金粟兰科 Chloranthaceae | 金粟兰属 Chloranthus Sw.

丝穗金粟兰 Chloranthus fortunei (A. Gray) Solms-Laub.

多年生草本，高 10-50 厘米。茎直立，单生或数个丛生。叶对生，通常 4 片生于茎上部，纸质，宽椭圆形、长椭圆形或倒卵形，顶端短尖，基部宽楔形，边缘有圆锯齿或粗锯齿，齿尖有腺体，近基部全缘。穗状花序单一，由茎顶抽出；苞片 2-3 裂；雄蕊 3，着生于子房上部外侧，药隔伸长成丝状，白色，子房倒卵形，无花柱。核果倒卵形。花期 5-6 月；果期 7-8 月。

4　**马兜铃科** Aristolochiaceae ｜ **马兜铃属** **Aristolochia** L.

北马兜铃 **Aristolochia contorta** Bge.

　　多年生草质藤本。叶纸质，全缘，阔卵状心形或三角状心形，顶端短尖或钝，基部深心形，上面绿色，下面浅绿色。总状花序，花被基部膨大呈球形，向上收狭呈一长管，管口扩大呈漏斗状；花药长圆形，贴生于合蕊柱近基部，合蕊柱顶端6裂。蒴果宽倒卵形或椭圆状倒卵形，直径2.5-4厘米，成熟时由基部向上6瓣开裂。种子三角状心形，灰褐色，扁平，具小疣点，具膜质翅。花期5-7月；果期8-10月。

　　药用，茎叶称天仙藤，有行气治血、止痛、利尿之效；果称马兜铃，有清热降气、止咳平喘之效；根称青木香，有小毒，具健胃、理气止痛之效，并有降血压作用。

5　毛茛科 Ranunculaceae ｜ 乌头属 Aconitum L.

乌头 Aconitum carmichaeli Debx.

　　多年生草本。块根倒圆锥形。茎高 60-150 厘米。叶薄革质或纸质，基部浅心形三裂，达或近基部，中央全裂片宽菱形，二回裂片约 2 对，斜三角形，叶面疏被短伏毛，叶背通常只沿脉疏被短柔毛。顶生总状花序；萼片蓝紫色，上萼片高盔形，花瓣无毛，瓣片通常拳卷，雄蕊花丝有小齿 2，心皮 3-5。蓇葖长。种子三棱形，只在二面密生横膜翅。花期 9-10 月；果期 10 月。

　　主根入药称草乌，有祛风散寒、除湿止痛的功效；侧根入药称附子，有大毒，有温中止痛、散寒燥湿的功效。

银莲花属 Anemone L.

多被银莲花 Anemone raddeana Regel

　　多年生草本，高 15-30 厘米。根状茎横走，细棒状或圆柱形，暗褐色。基生叶 1，有长柄，长 7-15 厘米，叶三出，小叶具柄，广卵形或近圆形，2-3 深裂，裂片近倒卵形或长圆形，基部广楔形，先端再 2-3 浅裂或不分裂，边缘具缺刻状圆齿。花葶疏被柔毛；苞片 3，有短柄，形似基生叶，长圆形或狭倒卵形，先端具缺刻状圆齿或近全缘，萼片 10-15，白色，长圆形至线形，雄蕊花药椭圆形，顶端圆形，花丝丝形，心皮约 30，子房密被短柔毛，花柱短。花期 4-5 月。

　　根状茎入药，可治风湿性腰腿痛、关节炎、疮疖痈毒等症。

山东银莲花 **Anemone shikokiana** (Makino) Makino

多年生草本，植株高 10-55 厘米。根状茎短。基生叶 5-8，有长柄，被稀疏的长柔毛，叶圆肾形，三全裂，两面只沿脉散生柔毛。复伞形花序，花葶通常 1；苞片 2-3，无柄，小伞形花序有花 4-8；萼片 4-6，白色，狭倒卵形或倒卵形，顶端圆形，雄蕊长约 4 毫米，花药狭椭圆形，心皮 2-6。瘦果扁平，宽椭圆形。花期 6-8 月；果期 10 月。

国内只分布于山东昆嵛山和崂山，生海拔 600-1100 米山地草丛中。

耧斗菜属 **Aquilegia** L.

紫花耧斗菜 **Aquilegia viridiflora** Pall. var. **atropurpurea** (Willd.) Finet et Gagnep.

多年生草本。根肥大，圆柱形，茎直立。基生叶二回三出复叶；茎生叶为一回至二回三出复叶，向上渐小。单歧聚伞花序；萼片暗紫色，花瓣 5，暗紫色，距长 1 厘米。蓇葖果长约 1.5 厘米。种子黑色，狭倒卵形。花期 5-7 月；果期 7-8 月。

铁线莲属 Clematis L.

褐毛铁线莲 Clematis fusca Turcz.

多年生直立草本或藤本。茎表面暗棕色或紫红色，节上及幼枝被曲柔毛。羽状复叶；小叶卵圆形、宽卵圆形至卵状披针形，顶端钝尖，基部圆形或心形，边缘全缘或 2-3 分裂。聚伞花序腋生，花 1-3；花梗被黄褐色柔毛，中部生一对叶状苞片，花钟状，下垂，萼片 4，卵圆形或长方椭圆形，外面被紧贴的褐色短柔毛，内面淡紫色，无毛，边缘被白色毡绒毛，雄蕊花丝线形，花药线形，内向着生，子房被短柔毛，花柱被绢状毛。瘦果扁平，宽倒卵形，被稀疏短柔毛，宿存花柱长达 3 厘米，被开展的黄色柔毛。花期 6-7 月；果期 8-9 月。

长冬草 Clematis hexapetala Pall. var. tchefouensis (Debeaux) S. Y. Hu

直立草本，高 30-100 厘米。叶近革质，绿色，单叶至复叶，一回至二回羽状深裂，裂片线状披针形，长椭圆状披针形至椭圆形，或线形。花序顶生，聚伞花序或为总状、圆锥状聚伞花序，有时花单生，花直径 2.5-5 厘米；萼片 4-8，通常 6，白色，长椭圆形或狭倒卵形，外面密生绵毛，内面无毛，雄蕊无毛。瘦果倒卵形，扁平，密生柔毛，宿存花柱长 1.5-3 厘米，有灰白色长柔毛。花期 6-8 月；果期 7-9 月。

根药用，有解热、镇痛、利尿、通经作用，治风湿症、水肿、神经痛、痔疮肿痛；作农药，对马铃薯疫病和红蜘蛛有良好防治作用。

大叶铁线莲 Clematis heracleifolia DC.

直立半灌木，高可达 1 米。有粗大的主根，茎粗壮。叶对生，三出复叶；中央小叶具长柄，宽卵形，长宽均 6-13 厘米，不分裂或 3 浅裂，边缘有粗锯齿；侧生小叶近无柄，较小。聚伞花序顶生或腋生，花排列成 2-3 轮；花萼管状，长约 1.5 厘米，萼片 4，蓝色，上部向外弯曲，外面生白色短柔毛，无花瓣，雄蕊多数，有短柔毛，花丝条形。瘦果倒卵形，宿存羽毛状花柱长达 3 厘米。

全株供药用，有祛风除湿、解毒消肿的作用；治风湿关节痛、结核性溃疡；种子可榨油，供油漆用。

白头翁属 Pulsatilla Adans.

白头翁 Pulsatilla chinensis (Bge.) Regel

多年生草本，植株高 15-35 厘米。根状茎壮。基生叶 4-5，叶柄长 7-15 厘米，有密长柔毛，叶宽卵形，三全裂，叶面无毛，叶背有长柔毛。花葶 1-2，有柔毛；苞片 3，基部合生成长 3-10 毫米的筒，背面密被长柔毛；花直立，萼片蓝紫色，长圆状卵形，背面有密柔毛，雄蕊长约为萼片之半。聚合瘦果；瘦果纺锤形，有长柔毛，宿存花柱长 3.5-6.5 厘米，有向上斜展的长柔毛。花果期 4-6 月。

根状茎药用，治热毒血痢、温疟、鼻衄、痔疮出血等症；根状茎水浸液可作土农药、能防治地老虎、蚜虫、蝇蛆、孑孓，以及小麦锈病、马铃薯晚疫病等病虫害。

毛茛属 Ranunculus L.

茴茴蒜 Ranunculus chinensis Bge.

一年生草本。茎直立粗壮，中空，高 20-70 厘米，有纵条纹，与叶柄均密生开展的淡黄色糙毛。三出复叶；叶宽卵形至三角形；小叶 2-3 深裂，裂片倒披针状楔形。花序有较多疏生的花；花梗贴生糙毛；小花萼片狭卵形，外面生柔毛，花瓣 5，宽卵圆形，与萼片近等长或稍长，黄色或上面白色；基部有短爪，蜜槽有卵形小鳞片，花托在果期显著伸长，圆柱形，长达 1 厘米。聚合果长圆形，直径 6-10 毫米；瘦果扁平，边缘有宽约 0.2 毫米的棱。花果期 5-9 月。

全草药用，外敷引赤发泡，有消炎、退肿、截疟及杀虫之效。

毛茛 Ranunculus japonicus Thunb.

多年生草本。茎直立，高 30-70 厘米，中空，有槽，生开展或贴伏的柔毛。基生叶多数，叶圆心形或五角形，基部心形或截形，叶柄长达 15 厘米，生开展柔毛；下部叶与基生叶相似，渐向上叶柄变短，叶片较小，3 深裂，裂片披针形；最上部叶线形，全缘，无柄。聚伞花序有多数花，疏散；花梗贴生柔毛，萼片椭圆形，长 4-6 毫米，生白柔毛，花瓣 5，倒卵状圆形，基部有长约 0.5 毫米的爪，花托短小。聚合果近球形；瘦果扁平。花果期 4-9 月。

全草含原白头翁素，有毒，为发泡剂和杀菌剂，捣碎外敷，可截疟、消肿及治疮癣。

石龙芮 *Ranunculus sceleratus* L.

一年生草本。茎直立，高 10-50 厘米。基生叶多数，叶肾状圆形，基部心形，3 深裂不达基部，裂片倒卵状楔形，不等地 2-3 裂，顶端钝圆，有粗圆齿；茎生叶多数，下部叶与基生叶相似，上部叶较小，3 全裂，裂片披针形至线形，全缘，无毛，顶端钝圆，基部扩大成膜质宽鞘抱茎。聚伞花序有多数花；花小，萼片椭圆形，花瓣 5，倒卵形，等长或稍长于花萼，基部有短爪，雄蕊 10 余，花药卵形，花托在果期伸长增大呈圆柱形。聚合果长圆形；瘦果极多数，近百枚，紧密排列，倒卵球形，稍扁。花果期 5-8 月。

全草含原白头翁素，有毒；药用能消结核、截疟及治痈肿、疮毒、蛇毒和风寒湿痹。

唐松草属 Thalictrum L.

唐松草 *Thalictrum aquilegifolium* L. var. *sibiricum* Regel et Tiling

多年生草本。茎粗壮，高 60-150 厘米。茎生叶为三回至四回三出复叶；小叶草质。圆锥花序伞房状，有多数密集的花；萼片白色或外面带紫色，宽椭圆形，早落，雄蕊多数，花药长圆形，顶端钝，上部倒披针形，下部丝形，心皮 6-8，有长心皮柄，花柱短，柱头侧生。瘦果倒卵形，有 3 条宽纵翅，基部突变狭，宿存柱头长 0.3-0.5 毫米。花期 6-8 月；果期 9-10 月。

根可治痈肿疮疖、黄疸型肝炎、腹泻等症。

瓣蕊唐松草 Thalictrum petaloideum L.

多年生草本。茎高 20-80 厘米。基生叶为三至四回三出或羽状复叶；小叶草质，形状多变，顶生小叶倒卵形、宽倒卵形、菱形或近圆形，先端钝，基部圆楔形或楔形，三浅裂至深裂，裂片全缘。花序伞房状；萼片 4，白色，早落，卵形；雄蕊多数，长 5-12 毫米，花药狭长圆形，长 0.7-1.5 毫米，顶端钝，花丝上部倒披针形，比花药宽；心皮 4-13，无柄。瘦果卵形，有 8 条纵肋。花期 6-7 月开；果期 8-9 月。

6　木通科 Lardizabalaceae ｜ 木通属 Akebia Decne.

木通 Akebia quinata (Houtt.) Decne.

落叶木质藤本。掌状复叶互生或在短枝上簇生，通常有小叶 5，偶有 3-4 或 6-7；小叶纸质，倒卵形或倒卵状椭圆形，先端具小凸尖，基部圆或阔楔形，正面深绿色，背面青白色。伞房花序式的总状花序腋生，基部有雌花 1-2，以上 4-10 为雄花；雄花萼片通常 3-5，淡紫色，雄蕊 6-7，退化心皮 3-6；雌花萼片暗紫色，偶有绿色或白色，心皮 3-6，柱头盾状，顶生，退化雄蕊 6-9。果孪生或单生，长圆形或椭圆形。种子卵状长圆形。花期 4-5 月；果期 6-8 月。

茎、根和果实药用，利尿、通乳、消炎，治风湿关节炎和腰痛；果味甜可食；种子榨油，可制肥皂。

7　防己科 Menispermaceae ｜ 木防己属 Cocculus L.

木防己 Cocculus orbiculatus (L.) DC.

　　多年生落叶草质藤本。叶纸质至近革质，形状变异极大，自线状披针形至阔卵状近圆形、狭椭圆形至近圆形、倒披针形至倒心形，有时卵状心形，有时全缘或 3 裂，两面被密柔毛至疏柔毛，有时除下面中脉外两面近无毛。聚伞花序；雄花具小苞片 1-2，萼片 6，花瓣 6，下部边缘内折，顶端 2 裂，雄蕊 6；雌花萼片和花瓣与雄花相同，退化雄蕊 6，微小，心皮 6。核果近球形；果核骨质，背部有小横肋状雕纹。

蝙蝠葛属 Menispermum L.

蝙蝠葛 Menispermum dauricum DC.

　　多年生草质藤本。根状茎褐色，垂直生。叶纸质或近膜质，轮廓通常为心状扁圆形，长宽均 3-12 厘米，边缘有 3-9 角或 3-9 裂，很少近全缘，基部心形至近截平，两面无毛，叶背有白粉。圆锥花序单生或有时双生，有细长的总梗；雄花萼片 4-8，膜质，绿黄色，倒披针形至倒卵状椭圆形，自外至内渐大，花瓣 6-12，肉质，有短爪，雄蕊通常 12；雌花具退化雄蕊 6-12，长约 1 毫米，雌蕊群具长 0.5-1 毫米的柄。核果紫黑色。花期 6-7 月；果期 8-9 月。

8 罂粟科 Papaveraceae | 紫堇属 Corydalis Vent.

小药八旦子 Corydalis caudata (Lam.) Pers.

　　瘦弱多年生草本，高 15-20 厘米。块茎圆球形或长圆形。叶一至三回三出，具细长的叶柄和小叶柄；小叶圆形至椭圆形，有时浅裂，下部苍白色。总状花序具 3-8 花，疏离；苞片卵圆形或倒卵形，长约 6 毫米；花梗明显长于苞片；花蓝色或紫蓝色，上花瓣瓣片较宽展，顶端微凹；距圆筒形，弧形上弯；蜜腺体约贯穿距长的 3/4，顶端钝；下花瓣基部具宽大的浅囊。蒴果卵圆形至椭圆形，具 4-9 种子。花果期 4-5 月。

胶州延胡索 Corydalis kiautschouensis Poelln.

　　多年生草本，高 15-30 厘米。块茎圆球形。通常具 2 叶，苍白色，二回或近三回三出，小叶全缘至 3 深裂成或宽或狭的倒卵形或卵状披针形裂片。总状花序疏具花 3-10；花紫色，外花瓣宽展，全缘，顶端微凹，上花瓣长 1.8-2 厘米，距长 1.2-1.4 厘米，圆筒形，上弯，多少呈"S"形，蜜腺体贯穿距长的 1/2 至 2/3，下花瓣长 1.1-1.4 厘米，内花瓣具宽而伸出顶端的鸡冠状突起。蒴果宽披针形。种子平滑。花果期 4-5 月。

黄堇 Corydalis pallida (Thunb.) Pers.

多年生草本，高 20-60 厘米。茎生叶稍密集，下部的具柄，上部的近无柄，叶面绿色，叶背苍白色，二回羽状全裂，一回羽片 4-6 对，卵圆形至长圆形，顶生的较大，3 深裂。总状花顶生和腋生；花黄色至淡黄色；外花瓣顶端勺状，距约占花瓣全长的 1/3，背部平直，腹部下垂，蜜腺体约占距长的 2/3，末端钩状弯曲，内花瓣具鸡冠状突起，爪约与瓣片等长。蒴果条形，念珠状。种子黑亮表面密具圆锥状突起。花期 5-6 月；果期 9 月。

小黄紫堇 Corydalis raddeana Regel.　FOC 中文名为黄花地丁

无毛草本，高 60-90 厘米。茎直立。基生叶少数，具长柄，二回至三回羽状分裂，叶背具白粉。总状花序顶生和腋生；花瓣黄色，上花瓣片舟状卵形，先端渐尖，背部鸡冠状突起高 1-1.5 毫米，超出瓣片先端并延伸至其中部，距圆筒形，与花瓣片近等长或稍长，下花瓣鸡冠同上瓣，中部稍缢缩，下部呈浅囊状，蜜腺体贯穿距的 2/5-1/2。蒴果圆柱形，具种子 4-12，排成 1 列。种子近圆形，黑色，具光泽。花果期 8-10 月。

9 金缕梅科 Hamamelidaceae | 枫香树属 Liquidambar L.

枫香树 Liquidambar formosana Hance

　　落叶乔木，高达 30 米。叶薄革质，阔卵形，掌状 3 裂，中央裂片较长，先端尾状渐尖，两侧裂片平展，基部心形，边缘有锯齿，齿尖有腺状突；托叶线形，早落。雄性短穗状花序多个排成总状；雄蕊多数，花丝不等长。雌性头状花序有花 24-43；子房下半部藏在头状花序轴内，上半部游离。头状果序圆球形，木质，直径 3-4 厘米；蒴果下半部藏于花序轴内，有宿存花柱及针刺状萼齿。种子多角形或有窄翅。花期 4-5 月；果熟期 10 月。

　　树脂供药用，能解毒止痛，止血生肌；根、叶及果实亦入药，有祛风除湿，通络活血功效；木材可制家具及贵重商品的装箱。昆嵛山 20 世纪 70 年代引种。

10 榆科 Ulmaceae | 朴属 Celtis L.

黑弹树 Celtis bungeana Bl. 小叶朴

　　落叶乔木，高可达 10 米。树皮灰色或暗灰色。叶厚纸质，狭卵形、长圆形、卵状椭圆形至卵形，基部宽楔形至近圆形，稍偏斜至几乎不偏斜，先端尖至渐尖，中部以上疏具不规则浅齿。果单生叶腋，果柄较细软，果成熟时蓝黑色，近球形，直径 6-8 毫米；核近球形。花期 4-5 月；果期 10-11 月。

　　木材可供家具、农具及建筑用材；茎皮纤维可代麻用。

大叶朴　**Celtis koraiensis** Nakai

　　落叶乔木，高可达 15 米。树皮灰色或暗灰色。叶椭圆形至倒卵状椭圆形，少有为倒广卵形，基部稍不对称，宽楔形至近圆形或微心形，先端具尾状长尖，长尖常由平截状先端伸出，边缘具粗锯齿。果单生叶腋，果近球形至球状椭圆形，直径约 12 毫米，成熟时橙黄色至深褐色；核球状椭圆形。花期 4-5 月；果期 9-10 月。

榆属　Ulmus L.

春榆　**Ulmus davidiana** Planch. var. **japonica** (Rehd.) Nakai

　　落叶乔木或灌木状，高达 15 米。叶倒卵形或倒卵状椭圆形，稀卵形或椭圆形，先端尾状渐尖或渐尖，基部歪斜，一边楔形或圆形，一边近圆形至耳状，边缘具重锯齿。花在去年生枝上排成簇状聚伞花序。翅果倒卵形或近倒卵形，无毛；果核位于翅果中上部或上部，上端接近缺口。花果期 4-5 月。

　　与原变种黑榆的区别在于翅果无毛，树皮色较深。

　　可作家具、器具、室内装修、车辆、造船、地板等用材；枝皮可代麻制绳，枝条可编筐；可选作造林树种。

大果榆 Ulmus macrocarpa Hance 黄榆

　　落叶乔木或灌木，高可达 20 米。树皮暗灰色或灰黑色。小枝有时两侧具对生而扁平的木栓翅，间或上下亦有微凸起的木栓翅，稀在较老的小枝上有几等宽而扁平的木栓翅 4。叶宽倒卵形、倒卵状圆形、倒卵状菱形或倒卵形，稀椭圆形，厚革质，大小变异很大，先端短尾状，叶背常有疏毛，脉上较密，脉腋常有簇生毛。花自花芽或混合芽抽出，在去年生枝上排成簇状聚伞花序或散生于新枝的基部。翅果宽倒卵状圆形、近圆形或宽椭圆形，基部多少偏斜或近对称，微狭或圆；果核部分位于翅果中部，宿存花被钟形。花果期 4-5 月。

榔榆 Ulmus parvifolia Jacq.

　　落叶乔木，高可达 25 米。树皮灰色或灰褐，裂成不规则鳞状薄片剥落，露出红褐色内皮。叶质地厚，披针状卵形或窄椭圆形，稀卵形或倒卵形，中脉两侧长宽不等，先端尖或钝，基部偏斜，楔形或一边圆，边缘从基部至先端有钝而整齐的单锯齿。花秋季开放，3-6 数在叶腋簇生或排成簇状聚伞花序。翅果椭圆形或卵状椭圆形；果翅稍厚，两侧的翅较果核部分为窄；果核部分位于翅果的中上部，上端接近缺口。花果期 8-10 月。

　　可供家具、车辆、造船、器具、农具、船橹等用材；树皮纤维纯细，杂质少，可作蜡纸及人造棉原料，或织麻袋、编绳索，亦供药用；可选作造林树种。

榆树 Ulmus pumila L.

　　落叶乔木，高达 25 米，在干瘠之地长成灌木状。叶椭圆状卵形、长卵形、椭圆状披针形或卵状披针形，长 2-8 厘米，宽 1.2-3.5 厘米，先端渐尖或长渐尖，基部偏斜或近对称，一侧楔形至圆，另一侧圆至半心脏形，叶面平滑无毛，边缘具重锯齿或单锯齿。花先叶开放，在去年生枝的叶腋成簇生状。翅果近圆形，稀倒卵状圆形；果核部分位于翅果的中部，上端不接近或接近缺口。花果期 3-6 月。

供家具、车辆、农具、器具、桥梁、建筑等用；枝皮纤维坚韧，可代麻制绳索、麻袋或作人造棉与造纸原料；幼嫩翅果可食用，老果含油，可供医药和轻、化工业用；叶可作饲料；树皮、叶及翅果均可药用，能安神、利小便。

11 桑科 Moraceae | 构属 Broussonetia L'Hért. ex Vent.

构树 Broussonetia papyrifera (L.) L'Hért. ex Vent. 楮树

乔木，高 10-20 米。树皮暗灰色。小枝密生柔毛。叶螺旋状排列，广卵形至长椭圆状卵形，先端渐尖，基部心形，两侧常不相等，边缘具粗锯齿，不分裂或 3-5 裂。雌雄异株；雄花序为柔荑花序，粗壮，苞片披针形，被毛，花被 4 裂，雄蕊 4，花药近球形，退化雌蕊小；雌花序球形头状，苞片棍棒状，顶端被毛，花被管状，顶端与花柱紧贴，子房卵圆形，柱头线形，被毛。聚花果成熟时橙红色，肉质。花期 4-5 月；果期 6-7 月。

韧皮纤维可作造纸材料；楮实子及根、皮可供药用。

柘属 Cudrania Trec.

柘树 Cudrania tricuspidata (Carr.) Bur. ex Lavallee　　FOC 已修订为 Maclura tricuspidata Carr.

　　落叶灌木或小乔木。树皮灰褐色，小枝无毛，有棘刺。叶卵形或菱状卵形，偶为 3 裂，先端渐尖，基部楔形至圆形，叶面深绿色，叶背绿白色。雌雄异株；雌雄花序均为球形头状花序，单生或成对腋生，具短总花梗；雄花序直径 0.5 厘米，雄花有苞片 2，附着于花被片上，花被片 4，肉质，内面有黄色腺体 2 个，雄蕊 4，退化雌蕊锥形；雌花序花被片与雄花同数，花被片先端盾形，内面下部有黄色腺体 2，子房埋于花被片下部。聚花果近球形，肉质，成熟时橘红色。花期 5-6 月；果期 6-7 月。

　　茎皮纤维可以造纸；根皮药用；嫩叶可以养幼蚕；果可生食或酿酒；木材心部黄色，质坚硬细致，可作家具用或做黄色染料；也为良好的绿篱树种。

葎草属 Humulus L.

葎草 Humulus scandens (Lour.) Merr. 拉拉秧

　　一年生缠绕草本，茎、枝、叶柄均具倒钩刺。叶纸质，肾状五角形，掌状 5-7 深裂，稀为 3 裂，长宽 7-10 厘米，基部心脏形，表面粗糙，疏生糙伏毛，叶背有柔毛和黄色腺体，裂片卵状三角形，边缘具锯齿。雄花序圆锥花序，花小，黄绿色；雌花序球果状，苞片纸质，三角形，顶端渐尖，具白色绒毛，子房为苞片包围，柱头 2，伸出苞片外。瘦果成熟时露出苞片外。花期春夏；果期秋季。

　　可作药用；茎皮纤维可作造纸原料；种子油可制肥皂。

桑属 Morus L.

桑 Morus alba L.

乔木或为灌木。树皮厚,灰色,具不规则浅纵裂。叶卵形或广卵形,长5-15厘米,宽5-12厘米,先端急尖、渐尖或圆钝,基部圆形至浅心形,边缘锯齿粗钝,有时叶为各种分裂。花单性,腋生或生于芽鳞腋内,与叶同时生出;雄花序下垂,密被白色柔毛,雄花花被片宽椭圆形,淡绿色;雌花序长1-2厘米,被毛,花被片倒卵形,顶端圆钝,外面和边缘被毛,两侧紧抱子房,无花柱,柱头2裂。聚花果卵状椭圆形,成熟时红色或暗紫色。花期4-5月;果期5-8月。

树皮纤维柔细,可作纺织原料、造纸原料;根皮、果实及枝条入药;叶为蚕的主要饲料,亦作药用,并可作土农药;木材坚硬,可制家具、乐器、雕刻等;桑椹可以酿酒,称桑子酒。

蒙桑 Morus mongolica (Bur.) Schneid.

小乔木或灌木。树皮灰褐色,纵裂。叶长椭圆状卵形,长8-15厘米,宽5-8厘米,先端尾尖,基部心形,边缘具三角形单锯齿,稀为重锯齿,齿尖有长刺芒。雄花序长3厘米,雄花花被暗黄色,外面及边缘被长柔毛;雌花序短圆柱状,长1-1.5厘米,雌花花被片外面上部疏被柔毛或近无毛,花柱长,柱头2裂。聚花果成熟时红色至紫黑色。花期3-4月;果期4-5月。

韧皮纤维系高级造纸原料,脱胶后可作纺织原料;根皮入药。

12 荨麻科 Urticaceae | 苎麻属 Boehmeria Jacq.

细野麻 Boehmeria gracilis C. H. Wright FOC 已修订为小赤麻 Boehmeria spicata (Thunb.) Thunb.

多年生草本，高 40-120 厘米。叶对生，同 1 对叶近等大；叶片草质，圆卵形、菱状宽卵形或菱状卵形，顶端骤尖，基部圆形、圆截形或宽楔形，边缘在基部之上有牙齿，两面疏被短伏毛。穗状花序单生叶腋，通常雌雄异株，有时雌雄同株；雄花花被片 4，雄蕊 4，退化雌蕊椭圆形；雌花花被纺锤形，果期呈菱状倒卵形。瘦果卵球形。花期 6-8 月。

茎皮纤维坚韧，可作造纸、绳索、人造棉及纺织原料；全草可药用，治皮肤发痒、湿毒等症。

大叶苎麻 Boehmeria longispica Steud. FOC 已修订为 Boehmeria japonica (L. f.) Miq.

亚灌木或多年生草本，高 0.6-1.5 米，上部通常有较密的开展或贴伏的糙毛。叶对生；叶纸质，近圆形、圆卵形或卵形，顶端骤尖，基部宽楔形或截形，边缘在基部之上有牙齿，叶面粗糙，有短糙伏毛，叶背沿脉网有短柔毛。穗状花序单生叶腋，雌雄异株；雄团伞花序长约 3 厘米，约有花 3，雄花花被片 4，雄蕊 4，退化雌蕊椭圆形；雌团伞花序长 7-30 厘米，有极多数花，雌花花被倒卵状纺锤形。瘦果倒卵球形。花期 6-9 月。

茎皮纤维可代麻，供纺织麻布用；叶供药用，可清热解毒、消肿，治疮疖，又可饲猪。

13　胡桃科 Juglandaceae ｜ 胡桃属 Juglans L.

野核桃 Juglans cathayensis Dode　FOC 已修订为胡桃楸 Juglans mandshurica Maxim.

乔木，高达 20 米。幼枝灰绿色，髓心薄片状分隔。奇数羽状复叶，具小叶 9-17；小叶近对生，无柄，硬纸质，卵状矩圆形或长卵形，顶端渐尖，基部斜圆形或稍斜心形，边缘有细锯齿。雄性葇荑花序生于去年生枝顶端叶痕腋内；雄花雄蕊约 13，花药黄色。雌性花序直立，生于当年生枝顶端，花序轴密生棕褐色毛；雌花排列成穗状。果实卵形或卵圆状，顶端尖；核卵状或阔卵状，顶端尖。花期 4-5 月；果期 8-10 月。

种子油可食用，亦可制肥皂，作润滑油；木材坚实，经久不裂，可作家具；树皮和外果皮含鞣质，可作栲胶原料；内果皮厚，可制活性炭；树皮的韧皮纤维可作纤维工业原料。

胡桃 Juglans regia L. 核桃

乔木，高可达 25 米。树皮幼时灰绿色，老时则灰白色而纵向浅裂。奇数羽状复叶；小叶通常 5-9（稀 3），椭圆状卵形至长椭圆形，顶端钝圆或急尖、短渐尖，基部歪斜、近于圆形，边缘全缘或在幼树上者具稀疏细锯齿，上面深绿色，下面淡绿色。雄性葇荑花序下垂；雄花雄蕊 6-30，花药黄色。雌性穗状花序通常具雌花 1-4。果序短，具果实 1-3；果实近于球状；果核稍具皱曲，有 2 条纵棱。花期 5 月；果期 10 月。

种仁含油量高，可生食，亦可榨油食用；木材坚实，是很好的硬木材料。

枫杨属 **Pterocarya** Kunth

枫杨 **Pterocarya stenoptera** C. DC.

　　大乔木，高可达 30 米。小枝灰色至暗褐色，具灰黄色皮孔。叶多为偶数或稀奇数羽状复叶，叶轴具翅；小叶 10-16，无小叶柄，对生或稀近对生，长椭圆形至长椭圆状披针形，顶端常钝圆或稀急尖，基部歪斜，上面被有细小的浅色疣状凸起。雄性柔荑花序长 6-10 厘米；雄花常具发育的花被片 1-3，雄蕊 5-12。雌性柔荑花序顶生，长 10-15 厘米，雌花几乎无梗。果实长椭圆形；果翅狭，条形或阔条形。花期 4-5 月；果熟期 8-9 月。

　　树皮和枝皮含鞣质，可提取栲胶，亦可作纤维原料；果实可作饲料和酿酒；种子可榨油。

14 壳斗科 Fagaceae ｜ 栗属 **Castanea** Mill.

栗 **Castanea mollissima** Bl. 板栗

　　乔木，高达 20 米。叶椭圆至长圆形，顶部短至渐尖，基部近截平或圆，或两侧稍向内弯而呈耳垂状，常一侧偏斜而不对称，叶背被星芒状伏贴绒毛或因毛脱落变为几无毛。雄花序直立，花序轴被毛；雌花序生于雄花序的基部，花 3-5 聚生成簇生于总苞内，总苞外密生长刺。成熟壳斗的锐刺有长有短。坚果。花期 4-6 月；果期 8-10 月。

　　栗子甜美可口，营养丰富；木材坚硬、耐水湿，供建筑、家具、地板等用材；壳斗及树皮富含没食子类鞣质；叶可作蚕饲料。

栎属 Quercus L.

麻栎 **Quercus acutissima** Carruth.

　　落叶乔木，高达 30 米。树皮深灰褐色，深纵裂。叶片形态多样，通常为长椭圆状披针形，顶端长渐尖，基部圆形或宽楔形，叶缘有刺芒状锯齿，叶片两面同色，幼时被柔毛，老时无毛或叶背面脉上有柔毛。壳斗杯形，包着坚果约 1/2，连小苞片直径 2-4 厘米，高约 1.5 厘米；小苞片钻形或扁条形，向外反曲，被灰白色绒毛。坚果卵形或椭圆形，顶端圆形，果脐突起。花期 3-4 月；果期翌年 9-10 月。

　　材质坚硬，耐腐朽，供枕木、坑木、桥梁、地板等用材；叶可饲柞蚕；种子可作饲料和工业用淀粉；壳斗、树皮可提取栲胶。

槲树 **Quercus dentata** Thunb. 柞栎

　　落叶乔木，高达 25 米。树皮暗灰褐色，深纵裂。小枝粗壮，密被灰黄色星状绒毛。叶倒卵形或长倒卵形，顶端短钝尖，叶面深绿色，基部耳形，叶缘波状裂片或粗锯齿，叶背密被灰褐色星状绒毛。雄花序生于新枝叶腋，雄花数朵簇生于花序轴上；花被 7-8 裂，雄蕊通常 8-10。雌花序生于新枝上部叶腋。壳斗杯形，包着坚果 1/2-1/3；小苞片革质，窄披针形，长约 1 厘米，反曲或直立，红棕色，外面被褐色丝状毛。坚果卵形至宽卵形，有宿存花柱。花期 4-5 月；果期 9-10 月。

　　材质坚硬，耐磨损，供建筑、坑木、地板等用材；叶可饲柞蚕；种子可酿酒或作饲料；树皮、种子入药作收敛剂；树皮、壳斗可提取栲胶。

蒙古栎 **Quercus mongolica** Fisch. ex Ledeb.

落叶乔木，高达 30 米，树皮灰褐色，纵裂。叶片倒卵形至长倒卵形，长 7-19 厘米，宽 3-11 厘米，顶端短钝尖或短突尖，基部窄圆形或耳形，叶缘 7-10 对钝齿或粗齿。雄花序生于新枝下部，雌花序生于新枝上端叶腋。壳斗杯形，包着坚果 1/3-1/2，壳斗外壁小苞片三角状卵形，呈半球形瘤状突起。坚果卵形至长卵形，果脐微突起。花期 4-5 月；果期 9 月。

材质坚硬，耐腐力强，可供车船、建筑、坑木等用材；叶可饲柞蚕；种子可酿酒或作饲料；树皮入药有收敛止泻及治痢疾之效。

枹栎 **Quercus serrata** Murray

落叶乔木，高达 25 米。树皮灰褐色，深纵裂。叶薄革质，倒卵形或倒卵状椭圆形，长 7-17 厘米，宽 3-9 厘米，顶端渐尖或急尖，基部楔形或近圆形，叶缘有腺状锯齿，幼时被伏贴单毛，老时及叶背被平伏单毛或无毛。雄花序长 8-12 厘米，花序轴密被白毛；雄蕊 8。雌花序长 1.5-3 厘米。壳斗杯状，包着坚果 1/4-1/3；小苞片长三角形，贴生，边缘具柔毛。坚果卵形至卵圆形。花期 3-4 月；果期 9-10 月。

木材坚硬，供建筑、车辆等用材；种子富含淀粉，供酿酒和作饮料；树皮可提取栲胶；叶可饲养柞蚕。

短柄枹栎 **Quercus serrata** var. **brevipetiolata** (A. DC.) Nakai
FOC 已修订为枹栎 **Quercus serrata** Murray

本变种与原变种不同处：叶常聚生于枝顶，叶较小，长椭圆状倒卵形或卵状披针形，叶缘具内弯浅锯齿，齿端具腺；叶柄短，长 2-5 毫米。

木材可供农具、薪炭等用；也可培养木耳、香菇等。

栓皮栎 **Quercus variabilis** Bl.

落叶乔木，高达 30 米。树皮黑褐色，深纵裂，木栓层发达。叶卵状披针形或长椭圆形，顶端渐尖，基部圆形或宽楔形，叶缘具刺芒状锯齿，叶背密被灰白色星状绒毛。雄花序长达 14 厘米，花被 4-6 裂；雄蕊 10 或较多。雌花序生于新枝上端叶腋。壳斗杯形，包着坚果 2/3；小苞片钻形，反曲，被短毛。坚果近球形或宽卵形。花期 3-4 月；果期翌年 9-10 月。

木材坚硬，可供家具、建筑等用；树皮木栓层发达，可生产软木，不导电、不传热、不透水、隔音、防震；壳斗、树皮富含单宁，可提取栲胶。

罗艳 摄

15 桦木科 Betulaceae | 桤木属 Alnus Mill.

辽东桤木 Alnus sibirica Fisch. ex Turcz   FOC 已修订为 Alnus hirsuta Turcz. ex Rupr.

乔木，高 6-20 米。树皮灰褐色，光滑，枝条暗灰色。叶近圆形，很少近卵形，长 4-9 厘米，宽 2.5-9 厘米，顶端圆，基部圆形或宽楔形，边缘具波状缺刻，缺刻间具不规则的粗锯齿，叶面疏被长柔毛，叶背密被褐色短粗毛或疏被毛至无毛。果序 2-8，呈总状或圆锥状排列，矩圆形或长柱型，长 1-2 厘米；果苞木质，顶端微圆。小坚果宽卵形；果翅厚纸质，极狭。

木材坚实，可作家具或农具。昆嵛山 1957 年引种。

桦木属 Betula L.

坚桦 Betula chinensis Maxim.

灌木或小乔木，一般高 2-5 米。叶厚纸质，卵形、宽卵形、较少椭圆形或矩圆形，顶端锐尖或钝圆，基部圆形，有时为宽楔形，边缘具不规则的齿牙状锯齿，叶面深绿色，叶背绿白色，沿脉被长柔毛，脉腋间疏生髯毛。果序单生，直立或下垂，通常近球形，较少矩圆形，长 1-2 厘米，直径 6-15 毫米；果苞上部具 3 裂片，裂片通常反折，中裂片披针形至条状披针形，侧裂片卵形至披针形，较少与中裂片近等长。小坚果宽倒卵形，具极狭的翅。

木质坚重，为北方较坚硬的木材之一，供制车轴及杵槌之用。

白桦 Betula platyphylla Suk.

乔木,高可达 27 米。树皮灰白色,成层剥裂。叶厚纸质,三角状卵形、三角状菱形或三角形,少有菱状卵形和宽卵形,顶端锐尖、渐尖至尾状渐尖,基部截形,宽楔形或楔形,边缘具重锯齿。果序单生,圆柱形或矩圆状圆柱形,通常下垂;果苞基部楔形或宽楔形,中裂片三角状卵形,顶端渐尖或钝,侧裂片卵形或近圆形,直立、斜展至向下弯。小坚果狭矩圆形、矩圆形或卵形。

易栽培,可为庭园树种。昆嵛山 1974 年引种。

鹅耳枥属 Carpinus L.

千金榆 Carpinus cordata Bl.

乔木,高约 15 米。树皮灰色,小枝棕色或橘黄色。叶厚纸质,卵形或矩圆状卵形,顶端渐尖,具刺尖,基部斜心形,边缘具不规则的刺毛状重锯齿,叶面疏被长柔毛或无毛,叶背沿脉疏被短柔毛。果序长 5-12 厘米;果苞宽卵状矩圆形,外侧的基部无裂片,内侧的基部具一矩圆形内折的裂片,全部遮盖着小坚果。小坚果矩圆形。果期 10 月。

木材坚硬,可做家具等用。

16 商陆科 Phytolaccaceae | 商陆属 Phytolacca L.

垂序商陆 Phytolacca americana L. 美商陆

多年生草本，高1-2米。根粗壮，肥大，倒圆锥形。茎直立，圆柱形。叶椭圆状卵形或卵状披针形，长9-18厘米，宽5-10厘米，顶端急尖，基部楔形。总状花序；花白色，微带红晕，花被片5，雄蕊、心皮及花柱通常均为10，心皮合生。果序下垂；浆果扁球形，熟时紫黑色。种子肾圆形。花期6-8月；果期8-10月。

根供药用，并有催吐作用；种子利尿；叶有解热作用，并治脚气；外用可治无名肿毒及皮肤寄生虫病；全草可作农药。

17 藜科 Chenopodiaceae | 藜属 Chenopodium L.

藜 Chenopodium album L.

一年生草本，高30-150厘米。茎直立，粗壮，具条棱及绿色或紫红色条纹，多分枝。叶菱状卵形至宽披针形，先端急尖或微钝，基部楔形至宽楔形，叶面通常无粉，叶背多少有粉，边缘具不整齐锯齿。花两性，花簇于枝上部排列成或大或小的穗状、圆锥状或圆锥状花序；花被裂片5，宽卵形至椭圆形，雄蕊5，花药伸出花被，柱头2。果皮与种子贴生。种子横生，双凸镜状，黑色，胚环形。花果期5-10月。

幼苗可作蔬菜用；茎叶可喂家畜；全草可入药，能止泻痢、止痒。

灰绿藜 **Chenopodium glaucum** L.

一年生草本，高 20-40 厘米。茎平卧或外倾，具条棱。叶矩圆状卵形至披针形，肥厚，先端急尖或钝，基部渐狭，边缘具缺刻状牙齿，叶面无粉，平滑，叶背有粉而呈灰白色。花两性兼有雌性，通常数花聚成团伞花序，再于分枝上排列成有间断而通常短于叶的穗状或圆锥状花序；花被裂片 3-4，浅绿色，稍肥厚，雄蕊 1-2，花丝不伸出花被，花药球形，柱头 2，极短。胞果顶端露出于花被外，果皮膜质。种子扁球形，暗褐色或红褐色。花果期 5-10 月。

地肤属 **Kochia** Roth

地肤 **Kochia scoparia** (L.) Schrad.

一年生草本，高 50-100 厘米。茎直立，圆柱状。叶披针形或条状披针形，长 2-5 厘米，宽 3-7 毫米，先端短渐尖，基部渐狭，通常有明显的主脉 3。花两性或雌性，通常 1-3 生于上部叶腋，构成疏穗状圆锥状花序；花被淡绿色，花被裂片近三角形，翅端附属物三角形至倒卵形，膜质，花丝丝状，花药淡黄色，柱头 2，丝状，花柱极短。胞果扁球形，果皮膜质，与种子离生。种子卵形，胚环形，胚乳块状。花期 6-9 月；果期 7-10 月。

幼苗可做蔬菜；果实称"地肤子"，为常用中药，能清湿热、利尿，治尿痛、尿急、小便不利及荨麻疹，外用治皮肤癣及阴囊湿疹。

猪毛菜属 Salsola L.

猪毛菜 Salsola collina Pall.

一年生草本，高 20-100 厘米。茎自基部分枝，伸展，茎、枝绿色，有白色或紫红色条纹。叶丝状圆柱形，伸展或微弯曲，顶端有刺状尖。花序穗状生枝条上部；苞片卵形，顶部延伸，有刺状尖，边缘膜质，小苞片狭披针形，顶端有刺状尖，花被片卵状披针形，膜质，顶端尖，果时变硬，花药长 1-1.5 毫米，柱头丝状，长为花柱的 1.5-2 倍。种子横生或斜生。花期 7-9 月；果期 9-10 月。

全草入药，有降低血压作用；嫩茎、叶可供食用。

18　苋科 Amaranthaceae | 牛膝属 Achyranthes L.

牛膝 Achyranthes bidentata Bl.

多年生草本，高 70-120 厘米。根圆柱形，土黄色。茎有棱角或四方形，分枝对生，节膨大。单叶对生，叶膜质，椭圆形或椭圆状披针形，长 5-12 厘米，宽 2-6 厘米，先端渐尖，基部宽楔形，全缘，两面被柔毛。穗状花序顶生及腋生，花多数，密生，苞片宽卵形，花被片披针形，先端急尖，雄蕊长 2-2.5 毫米，退化雄蕊先端平圆。胞果长圆形。种子长圆形，黄褐色。花期 7-9 月；果期 9-10 月。

根入药，活血通经；治腰膝酸痛，肝肾亏虚，跌打瘀痛。

苋属 Amaranthus L.

绿穗苋 Amaranthus hybridus L.

一年生草本，高 30-50 厘米。叶片卵形或菱状卵形，顶端急尖或微凹，具凸尖，基部楔形，边缘波状或有不明显锯齿。圆锥花序顶生，细长，上升稍弯曲，有分枝，由穗状花序而成，中间花穗最长；花被片矩圆状披针形，长约 2 毫米，中脉绿色；雄蕊略和花被片等长或稍长；柱头 3。胞果卵形，超出宿存花被片。种子近球形，直径约 1 毫米，黑色。花期 7-8 月；果期 9-10 月。

凹头苋 Amaranthus lividus L. FOC 已修订为 Amaranthus blitum L.

一年生草本，高 10-30 厘米。茎伏卧而上升，从基部分枝。叶卵形或菱状卵形，长 1.5-4.5 厘米，宽 1-3 厘米，顶端凹缺，有芒尖 1，基部宽楔形，全缘或稍呈波状。花成腋生花簇，生在茎端和枝端者成直立穗状花序或圆锥花序；花被片矩圆形或披针形，淡绿色；雄蕊比花被片稍短；柱头 3 或 2。胞果扁卵形。种子环形，黑色至黑褐色，边缘具环状边。花期 7-8 月；果期 8-9 月。

茎叶可作猪饲料；全草入药，用作缓和止痛、收敛、利尿、解热剂；种子有明目、利大小便、去寒热的功效；鲜根有清热解毒作用。

皱果苋 Amaranthus viridis L.

一年生草本，高 40-80 厘米，全体无毛。茎直立。叶卵形、卵状矩圆形或卵状椭圆形，长 3-9 厘米，宽 2.5-6 厘米，顶端尖凹或凹缺，少数圆钝，有芒尖 1，基部宽楔形或近截形。圆锥花序顶生，有分枝，由穗状花序形成；苞片及小苞片披针形；花被片矩圆形或宽倒披针形，顶端急尖，雄蕊比花被片短，柱头 3 或 2。胞果扁球形，极皱缩，超出花被片。种子近球形。花期 6-8 月；果期 8-10 月。

嫩茎叶可作野菜食用，也可作饲料；全草入药，有清热解毒、利尿止痛的功效。

青葙属 Celosia L.

青葙 Celosia argentea L.

一年生草本，高 0.3-1 米。茎直立，具显明条纹。叶矩圆披针形、披针形或披针状条形，少数卵状矩圆形，长 5-8 厘米，宽 1-3 厘米，绿色常带红色，顶端急尖或渐尖，具小芒尖，基部渐狭。花多数，密生，在茎端或枝端成单一、无分枝的塔状或圆柱状穗状花序；花被片矩圆状披针形，初为白色顶端带红色，顶端渐尖，花药紫色，子房有短柄，花柱紫色。胞果卵形，包裹在宿存花被片内。种子凸透镜状肾形。花期 5-8 月；果期 6-10 月。

种子供药用，有清热明目作用；花序宿存经久不凋，可供观赏；嫩茎叶浸去苦味后，可作野菜食用；全植物可作饲料。

19　马齿苋科 Portulacaceae ｜ 马齿苋属 Portulaca L.

马齿苋 Portulaca oleracea L.

　　一年生草本。茎平卧或斜倚，伏地铺散，多分枝。叶扁平，肥厚，倒卵形，似马齿状，顶端圆钝或平截，基部楔形，全缘。花无梗，常 3-5 簇生枝端，午时盛开；苞片 2-6，叶状，近轮生；萼片 2，对生，绿色，花瓣 5（稀 4），黄色，倒卵形，基部合生，雄蕊通常 8，花药黄色，花柱比雄蕊稍长，柱头 4-6 裂，线形。蒴果卵球形，盖裂。种子细小，偏斜球形，黑褐色，有光泽。花期 5-8 月；果期 6-9 月。

　　全草供药用，有清热利湿、解毒消肿、消炎、止渴、利尿作用；种子明目；可作兽药和农药；嫩茎叶可作蔬菜，味酸，也是很好的饲料。

20　石竹科 Caryophyllaceae ｜ 无心菜属 Arenaria L.

无心菜 Arenaria serpyllifolia L. 鹅不食草、蚤缀

　　一年生或二年生草本，高 10-30 厘米。茎丛生，直立或铺散，密生白色短柔毛。叶卵形，长4-12 毫米，宽 3-7 毫米，无柄，边缘具缘毛，顶端急尖，茎下部的叶较大，上部的叶较小。聚伞花序，具多花；苞片草质，卵形；萼片 5，披针形，花瓣 5，白色，倒卵形，长为萼片的 1/3-1/2，顶端钝圆，雄蕊 10，子房卵圆形，花柱 3，线形。蒴果卵圆形，与宿存萼等长，顶端 6 裂。种子小，肾形。花期 6-8 月；果期 8-9 月。

　　全草入药，清热解毒，治眼腺炎和咽喉痛等病。

卷耳属 Cerastium L.

球序卷耳 Cerastium glomeratum Thuill.

一年生草本，高 10-20 厘米。茎单生或丛生，密被长柔毛。上部茎生叶倒卵状椭圆形，顶端急尖，基部渐狭成短柄状，两面皆被长柔毛，边缘具缘毛，中脉明显。聚伞花序呈簇生状；萼片 5，披针形；花瓣 5，白色，线状长圆形，与萼片近等长或微长，顶端 2 浅裂，基部被疏柔毛，雄蕊明显短于萼，花柱 5。蒴果长圆柱形，长于宿存萼 0.5-1 倍，顶端 10 齿裂。种子褐色，扁三角形。花期 3-4 月；果期 5-6 月。

石竹属 Dianthus L.

石竹 Dianthus chinensis L.

多年生草本，高 30-50 厘米。茎疏丛生，直立，上部分枝。叶线状披针形，顶端渐尖，基部稍狭。花单生枝端或数花集成聚伞花序；苞片 4，卵形，顶端长渐尖，长达花萼 1/2 以上；花萼圆筒形，花瓣倒卵状三角形，紫红色、粉红色、鲜红色或白色，顶缘不整齐齿裂，喉部有斑纹，疏生髯毛，雄蕊露出喉部外，花药蓝色，子房长圆形，花柱线形。蒴果圆筒形，包于宿存萼内，顶端 4 裂。种子黑色，扁圆形。花期 5-6 月；果期 7-9 月。

观赏花卉；根和全草入药，清热利尿，破血通经，散瘀消肿。

瞿麦 Dianthus superbus L.

　　多年生草本，高 50-60 厘米。茎丛生，直立。叶线状披针形，顶端锐尖，基部合生成鞘状。花 1-2 多生枝端；苞片 2-3 对，倒卵形，长约为花萼 1/4；花萼圆筒形，萼齿披针形，花瓣爪长 1.5-3 厘米，包于萼筒内，瓣片通常淡红色或带紫色，稀白色，喉部具丝毛状鳞片。蒴果圆筒形，顶端 4 裂。种子扁卵圆形，黑色，有光泽。花期 6-9 月；果期 8-10 月。

　　全草入药，有清热、利尿、破血通经功效；也可作农药，能杀虫。

石头花属 Gypsophila L.

长蕊石头花 Gypsophila oldhamiana Miq. 霞草

　　多年生草本，高 60-100 厘米。根粗壮，木质化。茎二歧或三歧分枝，开展。叶近革质，稍厚，长圆形，顶端短凸尖，基部稍狭，两叶基相连成短鞘状，微抱茎。伞房状聚伞花序较密集，顶生或腋生；苞片卵状披针形，长渐尖尾状，膜质，大多具缘毛；花萼钟形或漏斗状，萼齿卵状三角形，花瓣白色至粉红色，倒卵状长圆形，顶端截形或微凹，雄蕊长于花瓣。蒴果卵球形，顶端 4 裂。种子近肾形，灰褐色。花期 6-9 月；果期 8-10 月。

　　根供药用，有清热凉血、消肿止痛、化腐生肌长骨功效；根的水浸剂可防治蚜虫、红蜘蛛、地老虎等，还可洗涤毛、丝织品；嫩叶可食用；全草可做猪饲料；也可栽培供观赏。

鹅肠菜属 **Myosoton** Moench

鹅肠菜 **Myosoton aquaticum** (L.) Moench 牛繁缕

多年生草本。茎多分枝，长 50-80 厘米。叶卵形或宽卵形，长 2.5-5.5 厘米，宽 1-3 厘米，顶端急尖，基部稍心形，有时边缘具毛。顶生二歧聚伞花序；苞片叶状，边缘具腺毛；萼片卵状披针形或长卵形，花瓣白色，2 深裂至基部，裂片线形或披针状线形，雄蕊 10，稍短于花瓣。蒴果卵圆形，稍长于宿存萼。种子近肾形褐色，具小疣。花期 5-8 月；果期 6-9 月。

全草供药用，祛风解毒，外敷治疖疮；幼苗可作野菜和饲料。

孩儿参属 **Pseudostellaria** Pax

蔓孩儿参 **Pseudostellaria davidii** (Franch.) Pax

多年生草本。块根短纺锤形。茎匍匐，细弱。叶卵形或卵状披针形，长 2-3 厘米，宽 1.2-2 厘米，顶端急尖，基部圆形或宽楔形。开花受精花单生于茎中部以上叶腋，萼片 5，披针形，花瓣 5，白色，长倒卵形，全缘，比萼片长 1 倍，雄蕊 10，花药紫色，比花瓣短，花柱 3（稀 2）；闭花受精花通常 1-2，腋生，萼片 4，狭披针形，雄蕊退化，花柱 2。蒴果宽卵圆形，稍长于宿存萼。种子圆肾形或近球形。花期 5-7 月；果期 7-8 月。

孩儿参 **Pseudostellaria heterophylla** (Miq.) Pax 太子参

多年生草本，高 15-20 厘米。块根长纺锤形。茎直立，单生。茎下部叶常 1-2 对，叶倒披针形，顶端钝尖，基部渐狭呈长柄状；茎上部叶 2-3 对，叶片宽卵形或菱状卵形，顶端渐尖，基部渐狭。开花受精花 1-3，腋生或呈聚伞花序，萼片 5，狭披针形，顶端渐尖，花瓣 5，白色，长圆形或倒卵形，雄蕊 10，子房卵形，花柱 3，微长于雄蕊；闭花受精花具短梗。蒴果宽卵形。种子褐色，扁圆形，具疣状凸起。花期 4-7 月；果期 7-8 月。

块根供药用，有健脾、补气、益血、生津等功效，为滋补强壮剂。

蝇子草属 **Silene** L.

女娄菜 **Silene aprica** Turcz. ex Fisch. et Mey.

一年生或二年生草本，高 30-70 厘米，全株密被灰色短柔毛。茎单生或数个，直立，多分枝。基生叶倒披针形或狭匙形，基部渐狭成长柄状，顶端急尖；茎生叶倒披针形、披针形或线状披针形。圆锥花序；苞片披针形，草质，具缘毛；花萼卵状钟形，近草质，密被短柔毛，花瓣白色或淡红色，瓣片倒卵形，2 裂，副花冠片舌状，雄蕊不外露，花柱不外露，基部具短毛。蒴果卵形。种子圆肾形，灰褐色。花期 5-7 月；果期 6-8 月。

全草入药，治乳汁少、体虚浮肿等。

坚硬女娄菜 Silene firma Sieb. et Zucc. 粗壮女娄菜   FOC 中文名为疏毛女娄菜

一年生或二年生草本，高 50-100 厘米。茎单生或疏丛生，粗壮，直立，不分枝。叶椭圆状披针形或卵状倒披针形。假轮伞状间断式总状花序；苞片狭披针形；花萼卵状钟形，果期微膨大，萼齿狭三角形，花瓣白色，不露出花萼，爪倒披针形，无毛和耳，瓣片轮廓倒卵形，2 裂，副花冠片小，雄蕊内藏，花柱不外露。蒴果长卵形，比宿存萼短。种子圆肾形，灰褐色。花期 6-7 月；果期 7-8 月。

麦蓝菜属 Vaccaria Wolf

麦蓝菜 Vaccaria segetalis (Neck.) Garcke 王不留行   FOC 已修订为 **Vaccaria hispanica** (Miller) Rauschert

一年生或二年生草本，高 30-70 厘米。茎单生，直立，上部分枝。叶卵状披针形或披针形，基部圆形或近心形，微抱茎，顶端急尖，具 3 基出脉。伞房花序稀疏；苞片着生花梗中上部；花萼后期微膨大呈球形，棱绿色，棱间绿白色，雌雄蕊柄极短，花瓣淡红色，瓣片狭倒卵形，斜展或平展，微凹缺，雄蕊内藏，花柱线形，微外露。蒴果宽卵形或近圆球形。种子近圆球形，直径约 2 毫米。花期 5-7 月；果期 6-8 月。

种子入药，治经闭、乳汁不通、乳腺炎和痈疖肿痛。

21 蓼科 Polygonaceae | 金线草属 Antenoron Rafin.

金线草 Antenoron filiforme (Thunb.) Rob. et Vaut.

多年生草本。茎直立，高 50-80 厘米，具糙伏毛，节部膨大。叶椭圆形或长椭圆形，顶端短渐尖或急尖，基部楔形，全缘，两面均具糙伏毛；叶柄长 1-1.5 厘米，具糙伏毛；托叶鞘筒状，膜质，褐色，具短缘毛。总状花序呈穗状，通常数个，顶生或腋生，花序轴延伸，花排列稀疏；苞片漏斗状，绿色，边缘膜质；花被 4 深裂，红色，花被片卵形，雄蕊 5，花柱 2，果时伸长，硬化，顶端呈钩状，宿存，伸出花被之外。瘦果卵形，双凸镜状，包于宿存花被内。花期 7-8 月；果期 9-10 月。

何首乌属 Fallopia Adans. FOC 中文名为首乌属

篱蓼 Fallopia dumetorum (L.) Holub FOC 中文名为篱首乌

一年生草本。茎缠绕，长 70-150 厘米，具纵棱，沿棱具小突起。叶卵状心形，顶端渐尖，基部心形或箭形，沿叶脉具小突起，边缘全缘；托叶鞘短，膜质，偏斜，长 2-3 毫米，顶端尖，无缘毛。花序总状，通常腋生，稀疏；苞片膜质，每苞内具花 2-5；花梗细弱，丝形，果时延长，中下部具关节，花被 5 深裂，淡绿色，花被片椭圆形，外面 3 片背部具翅，果时增大，翅近膜质，全缘，基部微下延，雄蕊 8，花柱 3。瘦果椭圆形，具 3 棱，黑色，平滑，包于宿存花被内。花期 6-8 月；果期 8-9 月。

蓼属 Polygonum L.

高山蓼 Polygonum alpinum All　　　FOC 中文名为高山神血宁

多年生草本。茎直立，高 50-100 厘米，自中上部分枝。叶卵状披针形或披针形，长 3-9 厘米，宽 1-3 厘米，顶端急尖，稀渐尖，基部宽楔形，全缘；托叶鞘膜质，褐色。花序圆锥状，顶生，分枝开展；苞片卵状披针形，膜质，每苞内具花 2-4；花被 5 深裂，白色，花被片椭圆形，雄蕊 8，花柱 3，极短，柱头头状。瘦果卵形，具 3 锐棱，有光泽，比宿存花被长。花期 6-7 月；果期 7-8 月。

萹蓄 Polygonum aviculare L.

一年生草本。茎平卧、上升或直立，高 10-40 厘米。叶椭圆形、狭椭圆形或披针形，长 1-4 厘米，宽 3-12 毫米，顶端钝圆或急尖，基部楔形，边缘全缘；叶柄短或近无柄，基部具关节；托叶鞘膜质。花单生或数朵簇生于叶腋，遍布于植株；苞片薄膜质；花梗细，顶部具关节，花被 5 深裂，花被片椭圆形，绿色，边缘白色或淡红色，雄蕊 8，花柱 3。瘦果卵形，具 3 棱，黑褐色，密被由小点组成的细条纹，无光泽，与宿存花被近等长或稍超过。花期 5-7 月；果期 6-8 月。

全草供药用，有通经利尿、清热解毒功效。

拳参 Polygonum bistorta L. 拳蓼

多年生草本。根状茎肥厚。茎直立，高50-90厘米，不分枝。基生叶宽披针形或狭卵形，纸质，长4-18厘米，宽2-5厘米，顶端渐尖或急尖，基部截形或近心形，沿叶柄下延成翅；茎生叶披针形或线形，无柄。总状花序呈穗状，顶生，紧密；苞片卵形，顶端渐尖，膜质，每苞片内含花3-4；花被5深裂，白色或淡红色，花被片椭圆形，雄蕊8，花柱3。瘦果椭圆形，两端尖，稍长于宿存的花被。花期6-7月；果期8-9月。

根状茎入药，清热解毒，散结消肿。

酸模叶蓼 Polygonum lapathifolium L.

一年生草本，高40-90厘米。茎直立，具分枝，节部膨大。叶披针形或宽披针形，顶端渐尖或急尖，基部楔形，正面绿色，常有一个大的黑褐色新月形斑点，两面沿中脉被短硬伏毛，全缘，边缘具粗缘毛；叶柄短；托叶鞘筒状，长1.5-3厘米，膜质，顶端截形。总状花序呈穗状，顶生或腋生，近直立，花紧密，通常由数个花穗再组成圆锥状，花序梗被腺体；苞片漏斗状；花被淡红色或白色，4-5深裂，花被片椭圆形，雄蕊通常6。瘦果宽卵形，双凹，黑褐色，有光泽，包于宿存花被内。花期6-8月；果期7-9月。

长鬃蓼 **Polygonum longisetum** Bruijn

一年生草本。茎直立、上升或基部近平卧，自基部分枝，高30-60厘米，节部稍膨大。叶披针形或宽披针形，顶端急尖或狭尖，基部楔形；托叶鞘筒状，顶端截形，有缘毛。总状花序呈穗状，顶生或腋生，细弱，下部间断；苞片漏斗状，无毛，边缘具长缘毛，每苞内具花5-6；花被5深裂，淡红色或紫红色，花被片椭圆形，雄蕊6-8，花柱3。瘦果宽卵形，具3棱，黑色，有光泽。花期6-8；果期7-9月。

杠板归 **Polygonum perfoliatum** L.

一年生草本。茎攀缘，多分枝，具纵棱，沿棱具稀疏的倒生皮刺。叶三角形，长3-7厘米，宽2-5厘米，顶端钝或微尖，基部截形或微心形，薄纸质；叶柄具倒生皮刺，盾状着生于叶片的近基部；托叶鞘叶状，草质，圆形或近圆形，穿叶。总状花序呈短穗状；苞片卵圆形，每苞片内具花2-4；花被5深裂，白色或淡红色，花被片椭圆形，果时增大，呈肉质，深蓝色，雄蕊8，花柱3，柱头头状。瘦果球形，黑色，有光泽，包于宿存花被内。花期6-8月；果期7-10月。

茎叶可药用，有清热止渴、散瘀解毒、止痛止痒的功效；治疗百咳、淋浊效果显著；叶可制靛蓝，用作染料。

习见蓼 **Polygonum plebeium** R. Br.　　FOC 中文名为铁马鞭

一年生草本。茎平卧，自基部分枝，长 10-40 厘米，具纵棱，沿棱具小突起，通常小枝的节间比叶片短。叶狭椭圆形或倒披针形，顶端钝或急尖，基部狭楔形；叶柄极短或近无柄；托叶鞘膜质，白色，透明。花 3-6 簇生于叶腋，遍布全植株，花梗中部具关节，花被 5 深裂，长椭圆形，绿色，边缘白色或淡红色，雄蕊 5，花柱 3（稀 2），极短。瘦果宽卵形，具 3 锐棱或双凸镜状，黑褐色，包于宿存花被内。花期 5-8 月；果期 6-9 月。

刺蓼 **Polygonum senticosum** (Meisn.) Franch. et Sav.

茎攀缘，多分枝，被短柔毛，四棱形，沿棱具倒生皮刺。叶片三角形或长三角形，长 4-8 厘米，宽 2-7 厘米，顶端急尖或渐尖，基部戟形，叶背沿叶脉具稀疏的倒生皮刺；叶柄粗壮，具倒生皮刺；托叶鞘筒状，边缘具叶状翅，翅肾圆形，草质。花序头状，顶生或腋生；苞片长卵形，淡绿色，每苞内具花 2-3；花被 5 深裂，淡红色，花被片椭圆形，雄蕊 8，花柱 3。瘦果近球形，黑褐色，包于宿存花被内。花期 6-7 月；果期 7-9 月。

全草入药，有消肿解毒之效。

箭叶蓼 **Polygonum sieboldii** Meisn.   FOC 已修订为箭头蓼 **Polygonum sagittatum** L.

一年生草本。茎四棱形，沿棱具倒生皮刺。叶宽披针形或长圆形，顶端急尖，基部箭形，叶背沿中脉具倒生短皮刺，边缘全缘；叶柄具倒生皮刺；托叶鞘膜质，偏斜。花序头状，通常成对，顶生或腋生；花序梗细长，疏生短皮刺；苞片椭圆形，顶端急尖，背部绿色，边缘膜质，每苞内具花2-3；花被5深裂，白色或淡紫红色，花被片长圆形，雄蕊8，花柱3，中下部合生。瘦果宽卵形，具3棱，黑色，包于宿存花被内。花期6-9月；果期8-10月。

全草供药用，有清热解毒，止痒功效。

戟叶蓼 **Polygonum thunbergii** Sieb. et Zucc.

一年生草本。茎直立或上升，具纵棱，沿棱具倒生皮刺，高30-90厘米。叶戟形，顶端渐尖，基部截形或近心形，两面疏生刺毛，极少具稀疏的星状毛，边缘具短缘毛，中部裂片卵形或宽卵形，侧生裂片较小，卵形；叶柄长2-5厘米，具倒生皮刺，通常具狭翅；托叶鞘膜质。花序头状，顶生或腋生，分枝，花序梗具腺毛及短柔毛；苞片披针形，顶端渐尖，边缘具缘毛，每苞内具花2-3；花被5深裂，淡红色或白色，花被片椭圆形，雄蕊8，花柱3。瘦果宽卵形，具3棱，黄褐色，包于宿存花被内。花期7-9月；果期8-10月。

罗艳 摄

酸模属 Rumex L.

酸模 Rumex acetosa L.

　　多年生草本。茎直立，高 40-100 厘米。基生叶和茎下部叶箭形，顶端急尖或圆钝，基部裂片急尖，全缘或微波状；茎上部叶较小；托叶鞘膜质，易破裂。花序狭圆锥状，顶生；花单性，雌雄异株；花被片 6，成 2 轮，雄花内花被片椭圆形，外花被片较小，雄蕊 6；雌花内花被片果时增大，近圆形，全缘，基部心形，外花被片椭圆形，反折。瘦果椭圆形，具 3 锐棱，黑褐色，有光泽。花期 5-7 月；果期 6-8 月。

　　全草供药用，有凉血、解毒之效；嫩茎、叶可作蔬菜及饲料。

皱叶酸模 Rumex crispus L.

　　多年生草本。根粗壮，黄褐色。茎直立，高 50-120 厘米，不分枝或上部分枝。基生叶披针形或狭披针形，顶端急尖，基部楔形，边缘皱波状；茎生叶较小狭披针形；托叶鞘膜质，易破裂。花序狭圆锥状，花序分枝直立；花两性，淡绿色，花梗细，中下部具关节，关节果时稍膨大，花被片 6，外花被片椭圆形，内花被片果时增大，宽卵形，长 4-5 毫米，网脉明显，顶端稍钝，基部近截形，全部具小瘤，稀 1 片具小瘤，小瘤卵形，长 1.5-2 毫米。瘦果卵形。花期 5-6 月；果期 6-7 月。

齿果酸模 **Rumex dentatus** L.

一年生草本。茎直立，高 30-70 厘米。茎下部叶长圆形或长椭圆形，长 4-12 厘米，宽 1.5-3 厘米，顶端圆钝或急尖，基部圆形或近心形，边缘浅波状。花序圆锥状，花簇呈轮状排列，花轮间断；外花被片椭圆形，内花被片果时增大，三角状卵形，顶端急尖，基部近圆形，网纹明显，全部具小瘤，边缘每侧具刺状齿 2-4。瘦果卵形。花期 5-6 月；果期 6-7 月。

根可提取栲胶；药用，有清热、解毒、活血的功效。

22 狝猴桃科 Actinidiaceae | 狝猴桃属 **Actinidia** Lindl

软枣狝猴桃 **Actinidia argute** (Sieb. & Zucc.) Planch. ex Miq.

大藤本，长可达 30 米以上。嫩枝髓褐色，片状。叶片膜质到纸质，卵圆形、椭圆状卵形或矩圆形，长 6-13 厘米，宽 5-9 厘米，顶端突尖或短尾尖，基部圆形或心形，边缘有锐锯齿。腋生聚伞花序有花 3-6；花白色，花被 5，萼片边缘有毛，雄蕊多数，花柱丝状，多数。浆果球形到矩圆形，光滑。花期 5-6 月；果期 9-10 月。

果实可生食，也可酿酒、制果酱及蜜饯等；并可药用，有解热、收敛的功效。

葛枣猕猴桃 **Actinidia polygama** (Sieb. et Zucc.) Maxim. 木天蓼

大型落叶藤本，髓白色，实心。叶膜质至薄纸质，卵形或椭圆卵形，长 7-14 厘米，宽 4-8 厘米，顶端急渐尖至渐尖，基部圆形或阔楔形，边缘有细锯齿，腹面绿色，有时前端部变为白色或淡黄色，叶背浅绿色。花序具花 1-3；苞片小，长约 1 毫米；花白色，芳香，萼片 5，卵形至长方卵形，花瓣 5，倒卵形至长方倒卵形，花丝线形，花药黄色，子房瓶状。果成熟时淡橘色，卵珠形或柱状卵珠形，顶端有喙，基部有宿存萼片。花期 6-7 月；果熟期 9-10 月。

果实可作水果；虫瘿可入药，治疝气及腰痛；从果实提取新药 Polygamol 为强心利尿的注射药。

23 藤黄科 Clusiaceae | 金丝桃属 **Hypericum** L.

黄海棠 **Hypericum ascyron** L.

多年生草本。茎直立或在基部上升，高 50-130 厘米。叶无柄；叶披针形、长圆状披针形、长圆状卵形至椭圆形、狭长圆形，先端渐尖、锐尖或钝形，基部楔形或心形而抱茎，全缘，坚纸质，叶面绿色，叶背通常淡绿色且散布淡色腺点。花序顶生，近伞房状至狭圆锥状；花蕾卵珠形，萼片卵形或披针形至椭圆形或长圆形，先端锐尖至钝形，花瓣金黄色，倒披针形，宿存，雄蕊极多数，5 束，每束有雄蕊约 30 枚，花药金黄色，花柱 5。蒴果棕褐色，成熟后先端 5 裂。种子圆柱形，微弯。花期 7-8 月；果期 8-9 月。

全草药用，种子泡酒服，可治胃病，并可解毒和排脓；全草是栲胶原料；可供观赏。

赶山鞭 Hypericum attenuatum C. E. C. Fisch. ex Choisy

多年生草本。茎数个丛生，直立，高 30-60 厘米，散生黑色腺点。叶无柄；叶卵状长圆形或卵状披针形至长圆状倒卵形，先端圆钝或渐尖，基部渐狭或微心形，略抱茎，叶下面散生黑腺点。花序顶生，为近伞房状或圆锥花序；苞片长圆形；花蕾卵珠形，萼片卵状披针形，先端锐尖，花瓣淡黄色，长圆状倒卵形，先端钝形，雄蕊 3 束，每束有雄蕊约 30 枚，子房卵珠形 3 室，花柱 3，自基部离生。蒴果卵珠形或长圆状卵珠形。种子黄绿、浅灰黄或浅棕色，圆柱形，微弯。花期 7-8 月；果期 8-9 月。

民间用全草代茶叶用；全草又可入药，捣烂治跌打损伤或煎服作蛇药用。

24　椴树科 Tiliaceae ｜ 田麻属 Corchoropsis Sieb. et Zucc.

田麻 Corchoropsis tomentosa (Thunb.) Makino　　FOC 已修订 Corchoropsis crenata Sieb. et Zucc.

一年生草本，高 40-60 厘米。分枝有星状短柔毛。叶卵形或狭卵形，边缘有钝牙齿，两面均密生星状短柔毛，基出脉 3；托叶钻形。花单生于叶腋，有细柄，萼片 5，狭窄披针形，花瓣 5，黄色，倒卵形，发育雄蕊 15，每 3 枚成一束，退化雄蕊 5，与萼片对生，匙状条形。蒴果角状圆筒形，长 1.7-3 厘米，有星状柔毛。花果期夏秋季。

茎皮纤维可代黄麻制作绳索及麻袋。

扁担杆属 Grewia L.

小花扁担杆 **Grewia biloba** G. Don. var. **parviflora** (Bge.) Hand.-Mazz.

　　落叶灌木，高 1-4 米，多分枝。叶薄革质，椭圆形或倒卵状椭圆形，长 4-9 厘米，宽 2.5-4 厘米，先端锐尖，基部楔形或钝，叶下面密被黄褐色软茸毛，边缘有细锯齿；托叶钻形。聚伞花序腋生，多花，花朵较原变种短小；苞片钻形；萼片 5，狭长圆形，花瓣 5，淡黄绿色，雌雄蕊柄长 0.5 毫米，子房有毛，花柱与萼片平齐，柱头扩大，盘状，有浅裂。核果红色，有分核 2-4。花期 5-7 月；果期 9-10 月。

椴树属 Tilia L.

华东椴 **Tilia japonica** (Miq.) Simonk.

　　乔木。嫩枝初时有长柔毛。叶革质，圆形或扁圆形，先端急锐尖，基部心形，或稍偏斜，有时截形，正面无毛，边缘有尖锐细锯齿。聚伞花序有花 6-16 或更多；苞片狭倒披针形或狭长圆形，长 4-6 厘米，宽 1-1.5 厘米，下半部与花序柄合生，基部有柄长 1-1.5 厘米；萼片狭长圆形，被稀疏星状柔毛，退化雄蕊花瓣状，稍短，雄蕊长 5 毫米；子房有毛。果实卵圆形，有星状柔毛。花期 6-7 月；果期 9 月。

　　木材供建筑、胶合板、家具等用。

辽椴 Tilia mandshurica Rupr. et Maxim.　　FOC 中文名为糠椴

乔木，高达 20 米。树皮暗灰色，嫩枝被灰白色星状茸毛。叶卵圆形，长 8-10 厘米，宽 7-9 厘米，先端短尖，基部斜心形或截形，正面无毛，背面密被灰色星状茸毛，边缘有三角形锯齿。聚伞花序有花 6-12；苞片窄长圆形或窄倒披针形，下面有星状柔毛，先端圆，基部钝，下半部 1/3-1/2 与花序柄合生；萼片外面有星状柔毛，内面有长丝毛，退化雄蕊花瓣状，稍短小，雄蕊与萼片等长，子房有星状茸毛。果实球形。花期 7 月；果实 9 月成熟。

材质轻软，可制家具、胶合板等；花药用，也可作蜜源植物。

25 梧桐科 Sterculiaceae | 梧桐属 Firmiana Masili

梧桐 Firmiana simplex (L.) W. Wight

　　落叶乔木，高达 16 米。树皮青绿色，平滑。叶心形，掌状 3-5 裂，裂片三角形，顶端渐尖，基部心形，两面均无毛或略被短柔毛，基生脉 7；叶柄与叶片等长。圆锥花序顶生，花淡黄绿色；萼 5 深裂几至基部，萼片条形，向外卷曲，雄花的雄蕊柄与萼等长，下半部较粗，花药 15 个不规则地聚集在雄蕊柄的顶端，退化子房梨形且甚小，雌花的子房圆球形。蓇葖果成熟前开裂成叶状，每蓇葖果有种子 2-4。种子圆球形。花期 6 月。

　　庭院观赏树木；木材为制乐器的良材；种子炒熟可食或榨油；茎、叶、花、果和种子均可药用，有清热解毒的功效；树皮可用以造纸和编绳等。

26 锦葵科 Malvaceae | 苘麻属 Abutilon Miller

苘麻 Abutilon theophrasti Medicus

　　一年生亚灌木状草本，高 1-2 米。茎枝被柔毛。叶互生，圆心形，长 5-10 厘米，先端长渐尖，基部心形，边缘具细圆锯齿，两面均密被星状柔毛。花单生于叶腋，花萼杯状，密被短绒毛，裂片 5，卵形，花黄色，花瓣倒卵形，长约 1 厘米，雄蕊柱平滑无毛，心皮 15-20，顶端平截，排列成轮状，密被软毛。蒴果半球形，分果片 15-20，被粗毛，顶端具长芒 2。种子肾形，褐色，被星状柔毛。花期 7-8 月。

　　茎皮纤维可编织麻袋、搓绳索等；种子供制皂、油漆和工业用润滑油；种子作药用称"冬葵子"，润滑性利尿剂，并有通乳汁、消乳腺炎、顺产等功效；全草也作药用。

木槿属 Hibiscus L.

野西瓜苗 Hibiscus trionum L.

一年生直立或平卧草本，高 25-70 厘米。茎柔软，被白色星状粗毛。叶二型；下部的叶圆形，不分裂；上部的叶掌状 3-5 深裂，通常羽状全裂，叶面疏被粗硬毛或无毛，叶背疏被星状粗刺毛。花单生于叶腋，被星状粗硬毛，花萼钟形，淡绿色，被粗长硬毛或星状粗长硬毛，裂片 5，膜质，花淡黄色，内面基部紫色，直径 2-3 厘米，花瓣 5，倒卵形，外面疏被极细柔毛，花药黄色，花柱 5 枝。蒴果长圆状球形，被粗硬毛，果爿 5，果皮薄，黑色。种子肾形，黑色，具腺状突起。花果期 7-10 月。

全草和果实、种子作药用，治烫伤、烧伤、急性关节炎等。

锦葵属 Malva L.

圆叶锦葵 Malva rotundifolia L. FOC 已修订为 **Malva pusilla** Sm.

多年生草本。分枝多而常匍匐生，被粗毛。叶肾形，长 1-3 厘米，宽 1-4 厘米，基部心形，边缘具细圆齿，叶面疏被长柔毛，叶背疏被星状柔毛；叶柄长 3-12 厘米，被星状长柔毛。花通常 3-4 簇生于叶腋，偶有单生于茎基部，萼钟形，被星状柔毛，裂片 5，花白色至浅粉红色，花瓣 5，倒心形，雄蕊柱被短柔毛，花柱分枝 13-15。果扁圆形，分果爿 13-15。种子肾形，被网纹或无网纹。花果期 5-8 月。

27 **董菜科** Violaceae | **董菜属 Viola** L.

鸡腿董菜 **Viola acuminata** Ledeb.

多年生草本，通常无基生叶。茎直立，高 10-40 厘米。叶心形、卵状心形或卵形，先端锐尖、短渐尖至长渐尖，基部通常心形，边缘具钝锯齿及短缘毛，两面密生褐色腺点；托叶草质，叶状，通常羽状深裂呈流苏状，或浅裂呈齿牙状，边缘被缘毛，两面有褐色腺点。花淡紫色或近白色，具长梗，萼片线状披针形，花瓣有褐色腺点，上花瓣向上反曲，侧花瓣里面近基部有长须毛，下花瓣里面常有紫色脉纹，距通常直，末端钝，子房圆锥状。蒴果椭圆形，长约 1 厘米，通常有黄褐色腺点。花果期 5-9 月。

全草民间供药用，能清热解毒，排脓消肿；嫩叶作蔬菜。

双花董菜 **Viola biflora** L.

多年生草本。地上茎较细弱，高 10-25 厘米。基生叶 2 至数枚，叶肾形、宽卵形或近圆形，长 1-3 厘米，宽 1-4.5 厘米，先端钝圆，基部深心形或心形，边缘具钝齿，上面散生短毛；茎生叶具短柄，叶片较小；托叶与叶柄离生，卵形或卵状披针形。花黄色或淡黄色，花梗细弱，上部有披针形小苞片 2，萼片线状披针形或披针形，花瓣长圆状倒卵形，具紫色脉纹，距短筒状，长 2-2.5 毫米。蒴果长圆状卵形。花果期 5-9 月。

全草民间药用，能治跌打损伤。

南山堇菜 *Viola chaerophylloides* (Regel) W. Beck.

多年生草本，无地上茎。基生叶 2-6，叶 3 全裂，裂片具明显的短柄，侧裂片 2 深裂，中央裂片 2-3 深裂，最终裂片的形状和大小变异幅度较大，边缘具不整齐的缺刻状齿或浅裂，有时深裂；托叶膜质，1/2 以上与叶柄合生。花较大，直径 2-2.5 厘米，白色、乳白色或淡紫色，有香味，萼片长圆状卵形或狭卵形，基部附属物发达，花瓣宽倒卵形，下方花瓣有紫色条纹，连距长 16-20 毫米，距长而粗，长 5-7 毫米。蒴果大，长椭圆状。种子卵形。花果期 4-9 月。

球果堇菜 *Viola collina* Bess.

多年生草本。根状茎粗而肥厚。叶均基生，叶宽卵形或近圆形，先端钝、锐尖，基部弯缺浅或深而狭窄，边缘具浅而钝的锯齿，两面密生白色短柔毛；叶柄具狭翅；托叶膜质，披针形，基部与叶柄合生，边缘具较稀疏的流苏状细齿。花淡紫色，长约 1.4 厘米，具长梗，在花梗的中部或中部以上有长约 6 毫米的小苞片 2，下方花瓣的距白色，较短。蒴果球形，密被白色柔毛，成熟时果梗通常向下方弯曲。花果期 5-8 月。

全草民间供药用，能清热解毒，凉血消肿。

东北堇菜 **Viola mandshurica** W. Beck.

多年生草本。基生叶 3 或 5 片以至多数，叶长圆形、舌形、卵状披针形，下部者通常较小呈狭卵形，花期后叶渐增大，最宽处位于叶的最下部，先端钝或圆，基部截形或宽楔形，下延于叶柄，边缘具疏生波状浅圆齿，有时下部近全缘；叶柄较长，上部具狭翅，花期后翅显著增宽；托叶膜质，约 2/3 以上与叶柄合生。花紫堇色或淡紫色，萼片卵状披针形或披针形，上方花瓣倒卵形，侧方花瓣长圆状倒卵形，距圆筒形，子房卵球形。蒴果长圆形。种子卵球形。花果期 4-9 月。

全草供药用，能清热解毒，外敷可排脓消炎。

东方堇菜 **Viola orientalis** (Maxim.) W. Beck.

多年生草本。根状茎粗壮。地上茎直立，高 6-10 厘米。基生叶叶片卵形、宽卵形或椭圆形，先端尖，基部心形，边缘具钝锯齿；茎生叶 3-4，上方 2 枚具极短的叶柄或近无柄，下方 1 枚具短柄。花黄色，生于茎生叶叶腋；花梗长 1-3 厘米；小苞片 2，通常对生；花瓣倒卵形，上方花瓣与侧方花瓣向外翻转，上方花瓣里面有暗紫色纹，侧方花瓣里面有明显须毛，下方花瓣较短，具囊状短距，距长 1-2 毫米。蒴果椭圆形或长圆形，常有紫黑色斑点。种子卵球形，白色至淡褐色。花期 4-5 月；果期 5-6 月。

茜堇菜 Viola phalacrocarpa Maxim.

多年生草本，无地上茎。最下方基生叶常呈圆形，其余叶呈卵形或卵圆形，先端钝基部稍呈心形但果期通常呈深心形；叶柄长而细，上部具明显的翅；托叶 1/2 以上与叶柄合生。花紫红色，有深紫色条纹，上方花瓣倒卵形，先端常具波状凹缺，侧方花瓣长圆状倒卵形，里面基部有明显的长须毛，距细管状，长 6-9 毫米，雄蕊 5，下方 2 个雄蕊背方具细长之距。蒴果椭圆形。种子卵球形，红棕色。花果期 4-9 月。

全草药用，有清热解毒、凉血、消肿的功效。

紫花地丁 Viola philippica Cav.

多年生草本，无地上茎。下部基生叶通常较小，呈三角状卵形或狭卵形；上部叶较长，呈长圆形、狭卵状披针形或长圆状卵形，先端圆钝，基部截形或楔形，稀微心形，边缘具较平的圆齿；叶柄具翅；托叶膜质，2/3-4/5 与叶柄合生。花紫堇色或淡紫色，稀呈白色，喉部色较淡并带有紫色条纹，萼片卵状披针形或披针形，花瓣倒卵形或长圆状倒卵形，下方花瓣连距长 13-20 毫米，里面有紫色脉纹，距细管状，子房卵形。蒴果长圆形。种子卵球形，淡黄色。花果期 4-9 月。

全草供药用，能清热解毒，凉血消肿；嫩叶可作野菜；可作早春观赏花卉。

早开堇菜 **Viola prionantha** Bge.

多年生草本，无地上茎。花期叶呈长圆状卵形、卵状披针形或狭卵形，基部微心形、截形或宽楔形，稍下延；果期叶显著增大，三角状卵形，基部通常宽心形；托叶苍白色或淡绿色，干后呈膜质，2/3 与叶柄合生。花大，紫堇色或淡紫色，喉部色淡并有紫色条纹，花梗较粗壮，具棱，超出于叶，在近中部处有线形小苞片 2，下方花瓣连距长 14-21 毫米，距长 5-9 毫米，末端钝圆且微向上弯。蒴果长椭圆形。种子卵球形，深褐色常有棕色斑点。花果期 4-9 月。

全草供药用，有清热解毒，除脓消炎；捣烂外敷可排脓、消炎、生肌；可作早春观赏植物。

细距堇菜 **Viola tenuicornis** W. Beck.

多年生细弱草本，无地上茎。基生叶 2 至多数，叶卵形或宽卵形，先端钝，基部微心形或近圆形，边缘具浅圆齿，叶柄细弱；托叶 2/3 与叶柄合生。花梗细弱，稍超出或不超出于叶，在中部或中部稍下处有线形小苞片 2；花紫堇色，萼片通常绿色或带紫红色，披针形、卵状披针形，花瓣倒卵形，距圆筒状，末端圆而向上弯，下方 2 枚雄蕊背部之距长而细，末端圆而稍弯曲。蒴果椭圆形。花果期 4-9 月。

28 葫芦科 Cucurbitaceae ｜ 栝楼属 Trichosanthes L.

栝楼 Trichosanthes kirilowii Maxim. 瓜蒌、药瓜

多年生攀缘草本。块根圆柱状，粗大肥厚，淡黄褐色。茎多分枝，具纵棱及槽，被白色伸展柔毛。卷须 3-7 歧，被柔毛。叶片纸质，轮廓近圆形，常 3-5（-7）浅裂至中裂，稀深裂或不分裂而仅有不等大的粗齿。雌雄异株；雄总状花序单生，或与一单花并生，花冠白色，顶端中央具 1 绿色尖头，两侧具丝状流苏，被柔毛，花药靠合，花丝分离；雌花单生，柱头 3。果实椭圆形或圆形，长 7-10.5 厘米，成熟时黄褐色或橙黄色。种子卵状椭圆形，压扁，淡黄褐色。花期 5-8 月；果期 8-10 月。

根、果实、果皮和种子为传统的中药天花粉、栝楼、栝楼皮和栝楼子（瓜蒌仁）；根有清热生津、解毒消肿的功效；果实、种子和果皮有清热化痰、润肺止咳、滑肠的功效。

29 杨柳科 Salicaceae ｜ 杨属 Populus L.

山杨 Populus davidiana Dode

乔木，高达 25 米。树皮光滑灰绿色或灰白色。叶三角状卵圆形或近圆形，长宽近等，长 3-6 厘米，先端钝尖、急尖或短渐尖，基部圆形、截形或浅心形，边缘有密波状浅齿，叶背被柔毛；叶柄侧扁。花序轴有疏毛或密毛；苞片棕褐色，边缘有密长毛；雄花序长 5-9 厘米，雄蕊 5-12，花药紫红色；雌花序长 4-7 厘米，子房圆锥形，柱头 2 深裂，带红色。蒴果卵状圆锥形。花期 3-4 月；果期 4-5 月。

木材可供家具、建筑、造纸等用。

柳属 Salix L.

腺柳 Salix chaenomeloides Kimura

小乔木。枝暗褐色或红褐色，有光泽。叶椭圆形、卵圆形至椭圆状披针形，长 4-8 厘米，宽 1.8-4 厘米，先端急尖，基部楔形，稀近圆形，两面光滑，叶面绿色，叶背苍白色或灰白色，边缘有腺锯齿；叶柄先端具腺点。雄花序长 4-5 厘米；雄蕊一般 5。雌花序长 4-5.5 厘米；苞片椭圆状倒卵形，与子房柄等长或稍短；腺体 2，基部连接成假花盘状。蒴果卵状椭圆形。花期 4 月；果期 5 月。

杞柳 Salix integra Thunb.

灌木，高 1-3 米。树皮灰绿色。小枝淡黄色或淡红色。叶近对生或对生，萌枝叶有时 3 叶轮生，椭圆状长圆形，长 2-5 厘米，宽 1-2 厘米，先端短渐尖，基部圆形或微凹，全缘或上部有尖齿，成叶叶面暗绿色，叶背苍白色，中脉褐色，两面无毛；叶柄短或近无柄而抱茎。花先叶开放；苞片倒卵形，褐色至近黑色；腺体 1，腹生，雄蕊 2，花丝合生。蒴果长 2-3 毫米。花期 5 月；果期 6 月。

枝条可供编筐等用。

旱柳 **Salix matsudana** Koidz.

　　乔木，高达 18 米，胸径达 80 厘米。树皮暗灰黑色，有裂沟。叶披针形，先端长渐尖，基部窄圆形或楔形，正面绿色，无毛，有光泽，背面苍白色或带白色，有细腺锯齿缘，幼叶有丝状柔毛；叶柄短；托叶披针形或缺，边缘有细腺锯齿。花序与叶同时开放。雄花序圆柱形，轴有长毛；雄蕊 2，花丝基部有长毛，花药卵形，黄色。雌花序较雄花序短；有 3-5 小叶生于短花序梗上，轴有长毛；子房无毛，无花柱或很短，柱头卵形，具腺体 2，背生和腹生。花期 4 月；果期 4-5 月。

　　木材供建筑器具、造纸、人造棉、火药等用；细枝可编筐；早春蜜源树，又为固沙保土四旁绿化树种。

30　十字花科 Brassicaceae ｜ 鼠耳芥属 Arabidopsis (DC.) Heynh.

鼠耳芥 **Arabidopsis thaliana** (L.) Heynh. 拟南芥

　　一年生细弱草本，高 20-35 厘米，被单毛与分枝毛。基生叶莲座状，倒卵形或匙形，顶端钝圆或略急尖，基部渐窄成柄，边缘有少数不明显的齿；茎生叶无柄，披针形，条形、长圆形或椭圆形。花序为疏松的总状花序；萼片长圆卵形，顶端钝，外轮的基部成囊状，花瓣白色，长圆条形，长 2-3 毫米，先端钝圆，基部线形。角果长 10-14 毫米。种子每室 1 行，种子卵形、红褐色。花期 4-6 月。

亚麻荠属 Camelina Crantz

小果亚麻荠 Camelina microcarpa Andrz. ex DC

一年生草本，高 20-60 厘米。茎直立，多在中部以上分枝。基生叶与下部茎生叶长圆状卵形，顶端急尖，基部渐窄成宽柄，边缘有稀疏微齿；中、上部茎生叶披针形，顶端渐尖，基部具披针状叶耳，边缘外卷。花序伞房状，结果时可伸长达 20-30 厘米；花瓣条状长圆形，黄色。短角果倒卵形至倒梨形，长 4-7 毫米，宽 2.5-4 毫米；宿存的花柱长 1-2 毫米。种子长圆状卵形，棕褐色。花期 4-5 月。

荠属 Capsella Medic.

荠 Capsella bursa-pastoris (L.) Medic. 荠菜

一年或二年生草本。茎直立，高 7-30 厘米。基生叶丛生呈莲座状，大头羽状分裂；茎生叶窄披针形或披针形，基部箭形，抱茎，边缘有缺刻或锯齿。总状花序顶生及腋生；花梗长 3-8 毫米；萼片长圆形，花瓣白色，卵形，长 2-3 毫米，有短爪。短角果倒三角形或倒心状三角形，扁平，顶端微凹。种子 2 行，长椭圆形，浅褐色。花果期 4-6 月。

全草入药，有利尿、止血、清热、明目、消积功效；茎叶作蔬菜食用；种子含干性油，供制油漆及肥皂用。

碎米荠属 Cardamine L.

碎米荠 Cardamine hirsuta L.

一年生小草本，高 15-35 厘米。基生叶具叶柄，有小叶 2-5 对，顶生小叶肾形或肾圆形，长 4-10 毫米，宽 5-13 毫米，边缘有圆齿 3-5，侧生小叶卵形或圆形，较顶生的形小，基部楔形而两侧稍歪斜，边缘有圆齿 2-3；茎生叶具短柄，有小叶 3-6 对，顶生小叶 3 齿裂，侧生小叶长卵形至线形。总状花序生于枝顶；萼片绿色或淡紫色，长椭圆形，花瓣白色，倒卵形。长角果线形，稍扁。种子椭圆形。花期 2-4 月；果期 4-6 月。

全草可作野菜食用，也供药用，能清热去湿。

弹裂碎米荠 Cardamine impatiens L.

一年或二年生草木。茎直立，高 20-60 厘米，着生多数羽状复叶。基生叶叶柄长 1-3 厘米，基部稍扩大，有 1 对托叶状耳，小叶 2-8 对，顶生小叶卵形，小叶柄显著，侧生小叶全缘，都有显著的小叶柄；茎生叶有柄，小叶 5-8 对，顶生小叶卵形或卵状披针形，侧生小叶较小。总状花序顶生和腋生，花多数；花瓣白色，狭长椭圆形，长 2-3 毫米。长角果狭条形而扁。种子椭圆形。 花期 4-6 月；果期 5-7 月。

全草可供药用，民间治妇女经血不调；种子可榨油，含油率 36%。

播娘蒿属 Descurainia Webb. et Berth.

播娘蒿 Descurainia sophia (L.) Webb. ex Prantl

　　一年生草本。茎直立，高 20-80 厘米，分枝多，常于下部成淡紫色。叶为三回羽状深裂，下部叶具柄，上部叶无柄。花序伞房状，果期伸长；萼片直立，早落，长圆条形，背面有分叉细柔毛，花瓣黄色，长圆状倒卵形，雄蕊 6，比花瓣长 1/3。长角果圆筒状。种子每室 1 行，种子形小，长圆形。花期 4-5 月。

　　种子含油，可工业用，并可食用；种子亦可药用，有利尿消肿、祛痰定喘的效用。

花旗杆属 Dontostemon Andrz. ex Ledeb.

花旗杆 Dontostemon dentatus (Bge.) Ledeb.

　　二年生草本。茎单一或分枝，高 15-50 厘米。叶椭圆状披针形。总状花序生枝顶，结果时长 10-20 厘米；萼片椭圆形，花瓣淡紫色，倒卵形，长 6-10 毫米，宽约 3 毫米，顶端钝，基部具爪。长角果长圆柱形，宿存花柱短，顶端微凹。种子棕色，长椭圆形。花期 5-7 月；果期 7-8 月。

葶苈属 Draba L.

葶苈 Draba nemorosa L.

一年或二年生草本。茎直立，高5-45厘米。基生叶莲座状，长倒卵形，顶端稍钝，边缘有疏细齿或近于全缘；茎生叶长卵形或卵形，顶端尖，基部楔形或渐圆，边缘有细齿，无柄，叶面被单毛和叉状毛，叶背以星状毛为多。总状花序；花瓣黄色，花期后成白色，倒楔形，长约2毫米，顶端凹，花药短心形，雌蕊椭圆形。短角果长圆形或长椭圆形，长4-10毫米。种子椭圆形，褐色。花期3-4月；果期5-6月。

种子含油，可供制皂工业用。

糖芥属 Erysimum L.

波齿叶糖芥 Erysimum sinuatum (Franch.) Hand.-Mazz.
FOC 已修订为波齿糖芥 Erysimum macilentum Bge.

一年生草本，高30-60厘米。茎直立，分枝，具2叉毛。茎生叶密生，叶片线形或线状狭披针形，顶端钝尖头，边缘近全缘或具波状裂齿。总状花序，顶生或腋生；萼片长椭圆形，长约7毫米，宽约2毫米；花瓣深黄色，匙形；雄蕊6，花丝伸长；雌蕊线形，花柱短，柱头头状。果梗短，长角果圆柱形，长3-5厘米。花果期5-6月。

独行菜属 Lepidium L.

北美独行菜 Lepidium virginicum L.

　　一年或二年生草本。茎单一，直立，高 20-50 厘米。基生叶倒披针形，羽状分裂或大头羽裂，边缘有锯齿，两面有短伏毛；茎生叶有短柄，倒披针形或线形。总状花序顶生；花瓣白色，倒卵形，与萼片等长或稍长，雄蕊 2 或 4。短角果近圆形，扁平，有窄翅，顶端微缺。种子卵形，红棕色，边缘有窄翅。花期 4-5 月；果期 6-7 月。

　　种子入药，有利水平喘功效，也作葶苈子药用；全草可作饲料。

蔊菜属 Rorippa Scop.

广州蔊菜 Rorippa cantoniensis (Lour.) Ohwi

　　一年或二年生草本，高 10-30 厘米。基生叶具柄，基部扩大贴茎，叶羽状深裂或浅裂，长 4-7 厘米，宽 1-2 厘米；茎生叶渐缩小，无柄，基部呈短耳状，抱茎，叶倒卵状长圆形或匙形。总状花序顶生；花黄色，近无柄，每花生于叶状苞片腋部，花瓣 4，倒卵形，稍长于萼片，雄蕊 6。短角果圆柱形，柱头短，头状。种子极多数，细小，扁卵形，红褐色。花期 3-4 月；果期 4-6 月。

　　全草药用，有通经活血、利水的功效。

蔊菜　**Rorippa indica** (L.) Hiern

　　一、二年生直立草本，高 20-40 厘米。基生叶及茎下部叶具长柄，叶形多变化，通常大头羽状分裂，边缘具不整齐牙齿；茎上部叶片宽披针形或匙形，边缘具疏齿，具短柄或基部耳状抱茎。总状花序顶生或侧生；花瓣 4，黄色，匙形，雄蕊 6，2 枚稍短。长角果线状圆柱形，短而粗。种子每室 2 行，卵圆形而扁，表面褐色。花期 4-6 月；果期 6-8 月。

　　全草入药，内服有解表健胃、止咳化痰、平喘、清热解毒、散热消肿等效；外用治痈肿疮毒及烫火伤。

沼生蔊菜　**Rorippa islandica** (Oed.) Borb.　　FOC 已修订为 **Rorippa palustris** (L.) Besser

　　一年或二年生草本。茎直立，高 10-50 厘米。基生叶具柄，叶羽状深裂或大头羽裂，长圆形至狭长圆形，裂片 3-7 对，边缘不规则浅裂或呈深波状，基部耳状抱茎；茎生叶向上渐小，近无柄，叶羽状深裂或具齿，基部耳状抱茎。总状花序顶生或腋生；花瓣长倒卵形至楔形，黄色或淡黄色，等于或稍短于萼片，雄蕊 6，近等长。短角果椭圆形或近圆柱形，果瓣肿胀。种子每室 2 行，褐色。花期 4-7 月；果期 6-8 月。

　　全草及种子药用，有清热利尿、解毒消肿的功效。

大蒜芥属 Sisymbrium L.

垂果大蒜芥 Sisymbrium heteromallum C. A. Mey.

一年或二年生草本。茎直立，高 30-90 厘米，不分枝或分枝，具疏毛。基生叶为羽状深裂或全裂，顶端裂片大，长圆状三角形或长圆状披针形，渐尖，基部常与侧裂片汇合，全缘或具齿；茎上部的叶无柄，叶片羽状浅裂，裂片披针形或宽条形。总状花序密集成伞房状；花瓣黄色，长圆形，顶端钝圆，具爪。长角果线形，常下垂；果瓣略隆起。种子长圆形，长约 1 毫米，黄棕色。花期 4-5 月。

菥蓂属 Thlaspi L.

菥蓂 Thlaspi arvense L.

一年生草本。茎直立，高 9-60 厘米，不分枝或分枝，具棱。基生叶倒卵状长圆形，顶端圆钝或急尖，基部抱茎，两侧箭形，边缘具疏齿。总状花序顶生；花白色，花瓣长圆状倒卵形，顶端圆钝或微凹。短角果倒卵形或近圆形，扁平，顶端凹入，边缘有翅宽约 3 毫米。种子每室 2-8，倒卵形，稍扁平，黄褐色，有同心环状条纹。花期 3-4 月；果期 5-6 月。

种子油供制肥皂，也作润滑油，还可食用；全草、嫩苗和种子均入药，全草清热解毒、消肿排脓，种子利肝明目，嫩苗和中益气、利肝明目；嫩苗可食用。

31 杜鹃花科 Ericaceae ｜ 杜鹃属 Rhododendron L.

迎红杜鹃 Rhododendron mucronulatum Turcz.

落叶灌木，高 1-2 米，分枝多。叶质薄，椭圆形或椭圆状披针形，顶端锐尖、渐尖或钝，边缘全缘或有细圆齿，基部楔形或钝。花先叶开放，花芽鳞宿存，花萼 5 裂，花冠宽漏斗状，淡红紫色，雄蕊 10，不等长，稍短于花冠，子房 5 室，花柱光滑，长于花冠。蒴果长圆形，先端 5 瓣开裂。花期 4-6 月；果期 5-7 月。

可供观赏；叶药用，能止咳、祛痰、治慢性支气管炎。

越桔属 Vaccinium L.

腺齿越桔 Vaccinium oldhami Miq.

落叶灌木，高 1-3 米。叶片纸质、卵形、椭圆形或长圆形，顶端锐尖，基部楔形，宽楔形至钝圆，边缘有细齿，齿端有具腺细刚毛，表面沿中脉和侧脉被短柔毛，其余伏生刚毛或近于无毛。总状花序生于当年生枝的枝顶；花序轴被短柔毛及腺毛；苞片狭卵状披针形至线形；花梗极短，花冠钟形，垂生，黄红色，雄蕊 10，稍短于花冠。浆果近球形，直径 0.7-1 厘米，熟时紫黑色。花期 5-6 月；果期 7-10 月。

32 鹿蹄草科 Pyrolaceae | 喜冬草属 Chimaphila Pursh

喜冬草 Chimaphila japonica Miq.

常绿草本状小半灌木，高 10-15 厘米。叶对生或 3-4 枚轮生，革质，阔披针形，先端急尖，基部圆楔形或近圆形，边缘有锯齿，正面绿色，背面苍白色。花葶有细小疣，有长圆状卵形苞片 1-2，花 1，有时 2，半下垂，白色，雄蕊 10，花丝短，下半部膨大并有缘毛，花药黄色，花柱极短，倒圆锥形，柱头大，圆盾形，5 圆浅裂。蒴果扁球形。花期 6-7（-9）月；果期 7-8（-10）月。

鹿蹄草属 Pyrola L.

鹿蹄草 Pyrola calliantha H. Andr.

常绿草本状小半灌木，高（10-）15-30 厘米。叶 4-7，基生，革质，椭圆形或圆卵形，稀近圆形，先端钝头或圆钝头，基部阔楔形或近圆形，边缘近全缘或有疏齿；叶柄有时带紫色。花葶有鳞片状叶 1-4，基部稍抱花葶；总状花序长 12-16 厘米，有花 9-13，稍下垂；花冠直径 1.5-2 厘米，白色，有时稍带淡红色，萼片舌形，先端急尖或钝尖，边缘近全缘，花瓣倒卵状椭圆形或倒卵形，雄蕊 10，花柱伸出或稍伸出花冠，柱头 5 圆裂。蒴果扁球形。花期 6-8 月；果期 8-9 月。

全草供药用，作收敛剂，民间用作补药，治虚痨，止咳，强筋健骨。

33　柿树科 Ebenaceae ｜ 柿属 Diospyros L.

君迁子 Diospyros lotus L.

　　落叶乔木，高可达 30 米。树皮灰黑色或灰褐色。叶近膜质，椭圆形至长椭圆形，先端渐尖或急尖，基部钝，宽楔形以至近圆形。雄花 1-3 腋生；花冠壶形，带红色或淡黄色，4 裂，雄蕊 16，每 2 枚连生成对；雌花单生；花冠壶形，淡绿色或带红色，4 裂，偶有 5 裂，反曲，退化雄蕊 8，子房 8 室，花柱 4。果近球形或椭圆形，初熟时为淡黄色，后则变为蓝黑色，常被有白色薄蜡层。种子长圆形，褐色，侧扁，背面较厚。花期 5-6 月；果期 10-11 月。

34　安息香科 Styracaceae ｜ 安息香属 Styrax L.

玉铃花 Styrax obassia Sieb. et Zucc.

　　乔木或灌木，高 10-14 米。树皮灰褐色，平滑。叶纸质，宽椭圆形或近圆形，顶端急尖或渐尖，基部近圆形或宽楔形，边缘具粗锯齿。总状花序顶生或腋生，有花 10-20 余；花白色或粉红色，芳香，花萼杯状，外面密被灰黄色星状短绒毛，顶端有不规则齿 5-6，花冠裂片膜质，椭圆形，花柱与花冠裂片近等长。果实卵形或近卵形，直径 10-15 毫米，顶端具短尖头。种子长圆形，暗褐色。花期 5-7 月；果期 8-9 月。

　　木材可作器具材、雕刻材、旋作材等细工用材；花美丽、芳香，可提取芳香油及观赏；种子油可供制肥皂及润滑油。

35　山矾科 Symplocaceae　｜　山矾属 **Symplocos** Jacq.

白檀 **Symplocos paniculata** (Thunb.) Miq.

　　落叶灌木或小乔木。叶膜质、厚纸质，阔倒卵形、椭圆状倒卵形或卵形，长 3-11 厘米，宽 2-4 厘米，先端急尖或渐尖，基部阔楔形或近圆形，边缘有细尖锯齿。圆锥花序；苞片早落，通常条形，有褐色腺点；花萼筒褐色，花冠白色，5 深裂几达基部，雄蕊 40-60，子房 2 室，花盘具凸起的腺点 5。核果熟时蓝色，卵状球形，稍偏斜。

　　叶药用；根皮与叶作农药用。

36　报春花科 Primulaceae　｜　点地梅属 **Androsace** L.

点地梅 **Androsace umbellata** (Lour.) Merr.

　　一年生或二年生草本。叶全部基生，叶近圆形或卵圆形，先端钝圆，基部浅心形至近圆形，边缘具三角状钝牙齿，两面均被贴伏的短柔毛。花葶通常数枚自叶丛中抽出，高 4-15 厘米；伞形花序 4-15 花；花萼杯状，花冠白色，短于花萼，喉部黄色，裂片倒卵状长圆形。蒴果近球形，直径 2.5-3 毫米，果皮白色，近膜质。花期 2-4 月；果期 5-6 月。

　　民间用全草治扁桃腺炎、咽喉炎、口腔炎和跌打损伤。

珍珠菜属 Lysimachia L.

虎尾草 Lysimachia barystachys Bge. 狼尾花

多年生草本。茎直立，高 30-100 厘米。叶长圆状披针形、倒披针形至线形，先端钝或锐尖，基部楔形，近于无柄。总状花序顶生，花密集；花冠白色，长 7-10 毫米，雄蕊内藏，花药椭圆形，子房无毛，花柱短。蒴果球形。花期 5-8 月；果期 8-10 月。

根药用，有活血调经、消肿散瘀和利尿的功效。

泽珍珠菜 Lysimachia candida Lindl.

一年生或二年生草本。茎单生或数条簇生，直立，高 10-30 厘米。基生叶匙形或倒披针形；茎生叶片倒卵形、倒披针形或线形，先端渐尖或钝，基部渐狭，下延，边缘全缘或微皱呈波状，两面均有黑色或带红色的小腺点。总状花序顶生，初时因花密集而呈阔圆锥形，其后渐伸长；花冠白色，裂片长圆形或倒卵状长圆形，先端圆钝，雄蕊稍短于花冠，花药近线形。蒴果球形，直径 2-3 毫米。花期 3-6 月；果期 4-7 月。

全草入药；广西民间将全草捣烂，敷治痈疮和无名肿毒。

矮桃 **Lysimachia clethroides** Duby 珍珠菜

多年生草本，全株多少被黄褐色卷曲柔毛。茎直立，高 40-100 厘米，不分枝。叶互生，长椭圆形或阔披针形，长 6-16 厘米，宽 2-5 厘米，先端渐尖，基部渐狭，两面散生黑色粒状腺点。总状花序顶生，花密集，常转向一侧；花萼有腺状缘毛，花冠白色，长 5-6 毫米，基部合生部分长约 1.5 毫米，裂片狭长圆形，先端圆钝，雄蕊内藏，花药长圆形，子房卵珠形。蒴果近球形。花期 5-7 月；果期 7-10 月。

全草入药，有活血调经、解毒消肿的功效；嫩叶可食或作猪饲料。

轮叶过路黄 **Lysimachia klattiana** Hance

茎通常 2 至数条簇生，直立，高 15-45 厘米，密被铁锈色多细胞柔毛。叶 6 至多枚在茎端密聚成轮生状，在茎下部各节 3-4 枚轮生或对生，叶片披针形至狭披针形，先端渐尖或稍钝，基部楔形，两面均被多细胞柔毛。花集生茎端成伞形花序，极少在花序下方的叶腋有单生之花；花梗果时下弯，花萼近基部常有不明显的黑色腺条，花冠黄色，裂片狭椭圆形，先端钝，有棕色或黑色长腺条。蒴果近球形，直径 3-4 毫米。花期 5-7 月；果期 8 月。

全草入药，主治肺结核咯血、高血压及毒蛇咬伤。

罗艳／摄

狭叶珍珠菜 *Lysimachia pentapetala* Bge.

一年生草本。茎直立，多分枝，高 30-60 厘米，密被褐色无柄腺体。叶狭披针形至线形，先端锐尖，基部楔形，有褐色腺点。总状花序顶生；苞片钻形；花萼下部合生达全长的 1/3 或近 1/2，裂片狭三角形，边缘膜质，花冠白色，近于分离，裂片匙形或倒披针形，先端圆钝。蒴果球形。花期 7-8 月；果期 8-9 月。

全草药用，有活血调经、消肿散瘀的功效。

37　景天科 Crassulaceae ｜ 八宝属 Hylotelephium H. Ohba

长药八宝 Hylotelephium spectabile (Bor.) H. Ohba

多年生草本。茎直立，高 30-70 厘米。叶对生，或 3 叶轮生，卵形至宽卵形，或长圆状卵形，全缘或多少有波状牙齿。花序伞房状，顶生，直径 7-11 厘米；花密生，萼片 5，线状披针形至宽披针形，花瓣 5，淡紫红色至紫红色，披针形至宽披针形，雄蕊 10，花药紫色，心皮 5，狭椭圆形。蓇葖果直立。花期 8-9 月；果期 9-10 月。

栽培，作观赏植物；全草药用，有活血化瘀、消肿止痛的功效。

瓦松属 Orostachys Fisch.

狼爪瓦松 Orostachys cartilagineus A. Bor.

二年生或多年生草本。莲座叶长圆状披针形，先端有软骨质附属物，背凸出，白色，全缘，先端中央有白色软骨质的刺；茎生叶互生，线形或披针状线形，先端渐尖，有白色软骨质的刺。花序轴不分枝，高 10-35 厘米。总状花序圆柱形，紧密多花；苞片线形至线状披针形，先端有刺；花萼片 5，狭长圆状披针形，有斑点，先端呈软骨质，花瓣 5，白色，长圆状披针形，雄蕊 10，较花瓣稍短。种子线状长圆形，褐色。花果期 9-10 月。

瓦松 **Orostachys fimbriata** (Turcz.) Berger

二年生草本。一年生莲座丛的叶短，线形，先端增大，为白色软骨质，半圆形，有齿；二年生花茎一般高 10-20 厘米；叶互生，疏生，有刺，线形至披针形。总状花序，紧密，或下部分枝；花萼片 5，长圆形，花瓣 5，红色，披针状椭圆形，雄蕊 10，与花瓣同长或稍短，花药紫色。蓇葖果 5，长圆形，喙细。种子卵形，细小。花期 8-9 月；果期 9-10 月。

全草药用，有止血、活血、敛疮之效；但有小毒，宜慎用。

景天属 **Sedum** L.

费菜 **Sedum aizoon** L.   FOC 已修订为 **Phedimus aizoon** (L.) 't Hart

多年生草本。直立，无毛，不分枝。叶狭披针形、椭圆状披针形至卵状倒披针形，长 3.5-8 厘米，宽 1.2-2 厘米，先端渐尖，基部楔形，边缘有不整齐的锯齿，叶坚实，近革质。聚伞花序有多花；萼片 5，线形，肉质，花瓣 5，黄色，长圆形至椭圆状披针形，雄蕊 10，较花瓣短，心皮 5，卵状长圆形，基部合生，腹面凸出，花柱长钻形。蓇葖果星芒状排列。种子椭圆形。花期 6-7 月；果期 8-9 月。

根或全草药用，有止血散瘀、安神镇痛之效。

垂盆草 Sedum sarmentosum Bge.

多年生草本。不育枝及花茎细，匍匐而节上生根，直到花序之下。3 叶轮生，叶倒披针形至长圆形先端近急尖，基部急狭，有距。聚伞花序，有分枝 3-5，花少；花无梗，萼片 5，披针形至长圆形，花瓣 5，黄色，披针形至长圆形，雄蕊 10，较花瓣短，心皮 5，长圆形，长 5-6 毫米，略叉开，有长花柱。种子卵形，长 0.5 毫米。花期 5-7 月；果期 8 月。

全草药用，能清热解毒。

38　虎耳草科 Saxifragaceae ｜ 落新妇属 Astilbe Buch.-Ham. ex D. Don.

落新妇 Astilbe chinensis (Maxim.) Franch. et Savat.

多年生草本，高 50-100 厘米。基生叶为二回至三回三出羽状复叶；顶生小叶菱状椭圆形；侧生小叶卵形至椭圆形，先端短渐尖至急尖，边缘有重锯齿，基部楔形、浅心形至圆形；茎生叶 2-3，较小。圆锥花序下部第一回分枝长 4-11.5 厘米，通常与花序轴成 15°-30° 角斜上，花序轴上花密集；萼片 5，卵形，花瓣 5，淡紫色至紫红色，线形，雄蕊 10，心皮 2。蒴果长约 3 毫米。种子褐色，长约 1.5 毫米。花果期 6-9 月。

全草含氰酸，花含槲皮素，根和根状茎含岩白菜素，根状茎、茎、叶含鞣质；可提制栲胶；根状茎入药；辛、苦，温；散瘀止痛，祛风除湿，清热止咳。

溲疏属 Deutzia Thunb.

光萼溲疏 Deutzia glabrata Kom. 无毛溲疏、崂山溲疏

灌木，高约 3 米。老枝灰褐色，表皮常脱落。叶薄纸质，卵形或卵状披针形，长 5-10 厘米，宽 2-4 厘米，先端渐尖基部阔楔形或近圆形，边缘具细锯齿。伞房花序，有花 5-30；花蕾球形或倒卵形，花冠直径 1-1.2 厘米，花瓣白色，圆形或阔倒卵形，先端圆，基部收狭，两面被细毛，花丝钻形，基部宽扁，花柱 3，约与雄蕊等长。蒴果球形。花期 6-7 月；果期 8-9 月。

可引种作庭园观赏树。

罗艳 摄　　罗艳 摄

大花溲疏 Deutzia grandiflora Bge. 华北溲疏

灌木，高约 2 米。老枝紫褐色或灰褐色，表皮片状脱落。叶纸质，卵状菱形或椭圆状卵形，长 2-5.5 厘米，宽 1-3.5 厘米，先端急尖，基部楔形或阔楔形，边缘具大小相间或不整齐锯齿。聚伞花序，具花 1-3；花冠直径 2-2.5 厘米，萼筒浅杯状，密被灰黄色星状毛，花瓣白色，长圆形或倒卵状长圆形，先端圆形，中部以下收狭，外面被星状毛，花药卵状长圆形，具短柄。蒴果半球形，具宿存萼裂片外弯。花期 4-6 月；果期 9-11 月。

花大，花期早，可栽培观赏。

扯根菜属 Penthorum L.

扯根菜 Penthorum chinense Pursh

多年生草本，高 40-90 厘米。叶无柄或近无柄；叶披针形至狭披针形，先端渐尖，边缘具细重锯齿。聚伞花序具多花，花序分枝与花梗均被褐色腺毛；苞片小，卵形至狭卵形；花小型，黄白色，萼片 5，革质，三角形，无花瓣，雄蕊 10，雌蕊心皮 5-6，子房 5-6 室，胚珠多数，花柱 5-6，较粗。蒴果红紫色，直径 4-5 毫米。种子多数，卵状长圆形。花果期 7-10 月。

全草入药；甘、温；利水除湿、祛瘀止痛；主治黄疸、水肿、跌打损伤等；嫩苗可供蔬食。

茶藨子属 Ribes L.

华蔓茶藨子 Ribes fasciculatum Sieb. et Zucc. var. chinense Maxim. 华茶藨

灌木，高 1-2 米。老枝紫褐色，片状剥裂。叶互生或簇生于短枝上，叶近圆形，3-5 裂，裂片阔卵形，有不整齐的锯齿。花单性，雌雄异株；雄花 4-9，雌花 2-4，伞状簇生于叶腋；花黄绿色；花萼浅碟形，裂片长圆状倒卵形；花瓣 5，极小，半圆形，先端圆或平截；雄花雄蕊 5，花丝极短，花药扁宽，椭圆形；退化雌蕊细小，有盾形微 2 裂的柱头。雌花雄蕊不发育。果实近球形，红褐色，顶端有宿存的花萼。花期 4-5 月；果期 8-9 月。

绿化观赏植物；果实可酿酒或做果酱。

39 蔷薇科 Rosaceae ｜ 龙芽草属 Agrimonia L.

龙芽草 Agrimonia pilosa Ldb. 仙鹤草、地仙草

多年生草本。根多呈块茎状，基部常有 1 至数个地下芽。茎高 30-120 厘米，被疏柔毛。叶为间断奇数羽状复叶，小叶常 3-4 对；小叶无柄或有短柄，倒卵形，倒卵椭圆形或倒卵披针形，顶端急尖至圆钝，稀渐尖，基部楔形至宽楔形，边缘有急尖到圆钝锯齿；托叶草质，绿色，镰形。花序穗状总状顶生；花序轴被柔毛；萼片 5，三角卵形，花瓣黄色，长圆形，雄蕊多枚，花柱 2，丝状，柱头头状。果实倒卵圆锥形，外面有 10 条肋，被疏柔毛，顶端有数层钩刺，幼时直立，成熟时靠合。花果期 5-12 月。

全草药用，有收敛止血及强心作用；地下根茎芽可做绦虫特效药；全草可提制栲胶；捣烂浸液可治蚜虫及小麦锈病。

桃属 Amygdalus L.

桃 Amygdalus persica L.

乔木，高 3-8 米，树冠宽广而平展。树皮暗红褐色，老时粗糙呈鳞片状。叶长圆披针形、椭圆披针形或倒卵状披针形，先端渐尖，基部宽楔形，叶边具细锯齿或粗锯齿。花单生，先于叶开放，萼筒钟形，绿色而具红色斑点，花瓣粉红色，罕为白色，雄蕊 20-30，花药绯红色。果实形状和大小均有变异；核大，表面具纵、横沟纹和孔穴。花期 3-4 月；果实成熟期因品种而异，通常为 8-9 月。

桃树干上分泌的胶质，俗称桃胶，可用作黏合剂等，为一种聚糖类物质，水解后可食用，也供药用，有破血、和血、益气之效。

樱属 **Cerasus** Mill.

欧李 **Cerasus humilis** (Bge.) Sok.

灌木，高 0.4-1.5 米。小枝灰褐色或棕褐色。叶倒卵状长椭圆形或倒卵状披针形，长 2.5-5 厘米，宽 1-2 厘米，中部以上最宽，先端急尖或短渐尖，基部楔形，边有单锯齿或重锯齿，上面深绿色，下面浅绿色；托叶线形，边有腺体。花叶同开，花瓣白色或粉红色，长圆形或倒卵形，雄蕊 30-35，花柱与雄蕊近等长。核果成熟后近球形，红色或紫红色，直径 1.5-1.8 厘米。花期 4-5 月；果期 6-10 月。

种仁入药，作郁李仁，有利尿、缓下作用，主治大便燥结、小便不利；果味酸可食。

郁李 **Cerasus japonica** (Thunb.) Lois.

灌木，高 1-1.5 米。小枝灰褐色，嫩枝绿色或绿褐色。叶卵形或卵状披针形，先端渐尖，基部圆形，边有缺刻状尖锐重锯齿，叶面深绿色，叶背淡绿色；托叶线形，边有腺齿。花 1-3 簇生，花叶同开或先叶开放，萼筒陀螺形，萼片椭圆形，先端圆钝，边有细齿，花瓣白色或粉红色，倒卵状椭圆形，雄蕊约 32，花柱与雄蕊近等长，无毛。核果近球形，深红色，直径约 1 厘米；核表面光滑。花期 5 月；果期 7-8 月。

种仁入药，名郁李仁；郁李、郁李仁配剂有显著降压作用。

毛叶山樱花 Cerasus serrulata (Lindl.) G. Don. ex Loudon var. **pubescens** (Makino) Yu et Li 毛叶山樱桃

乔木，高 3-8 米。树皮灰褐色或灰黑色。叶卵状椭圆形或倒卵椭圆形，先端渐尖，基部圆形，边有渐尖单锯齿及重锯齿，齿尖有小腺体，叶面深绿色，叶背淡绿色，有白柔毛；叶柄先端有 1-3 圆形腺体，常有白柔毛；托叶线形，边缘有腺齿。花序伞房总状或近伞形，有花 2-3；总苞片褐红色，倒卵长圆形，苞片褐色或淡绿褐色，边有腺齿；萼筒管状，先端扩大，萼片三角披针形，花瓣白色，稀粉红色，倒卵形，雄蕊多数，可达 38。核果球形或卵球形，紫黑色。花期 4-5 月；果期 6-7 月。

供观赏及做樱桃、樱花的育种材料；种核药用，可透麻疹。

毛樱桃 Cerasus tomentosa (Thunb.) Wall.

灌木，高 2-3 米。小枝紫褐色或灰褐色。叶卵状椭圆形或倒卵状椭圆形，先端急尖或渐尖，基部楔形，边有急尖或粗锐锯齿，叶面暗绿色或深绿色，叶背灰绿色；托叶线形，被长柔毛。花单生或 2 朵簇生，花叶同开或近先叶开放，萼筒管状或杯状，萼片三角卵形，先端圆钝或急尖，花瓣白色或粉红色，倒卵形，先端圆钝，雄蕊 20-25，短于花瓣，花柱伸出与雄蕊近等长或稍长。核果近球形，红色。花期 4-5 月；果期 6-9 月。

果实微酸甜，可食及酿酒；种仁含油率达 43% 左右，可制肥皂及润滑油用；种仁入药，为大李仁，有润肠利水之效。

山楂属 Crataegus L.

山楂 **Crataegus pinnatifida** Bge.

　　落叶乔木，高达 6 米，刺长 1-2 厘米，有时无刺。叶宽卵形或三角状卵形，稀菱状卵形，先端短渐尖，基部截形至宽楔形，通常两侧各有羽状深裂片 3-5，裂片卵状披针形或带形，先端短渐尖，边缘有尖锐稀疏不规则重锯齿。伞房花序具多花；苞片膜质，线状披针形，先端渐尖，边缘具腺齿；花萼筒钟状，萼片三角卵形至披针形，花瓣白色，雄蕊 20，短于花瓣，花药粉红色，花柱 3-5。果实近球形或梨形，深红色，有浅色斑点；小核 3-5。花期 5-6 月；果期 9-10 月。

　　可栽培作绿篱和观赏树；幼苗可作嫁接山里红或苹果等砧木；果可生吃或作果酱果糕；干制后入药，有健胃、消积化滞、舒气散瘀之效。

蛇莓属 Duchesnea J. E. Smith

蛇莓 **Duchesnea indica** (Andr.) Focke

　　多年生草本。匍匐茎多数，长 30-100 厘米。小叶倒卵形至菱状长圆形，先端圆钝，边缘有钝锯齿，两面皆有柔毛，具小叶柄；托叶窄卵形至宽披针形。花单生于叶腋，直径 1.5-2.5 厘米，萼片卵形，先端锐尖，副萼片倒卵形，比萼片长，先端常具锯齿 3-5，花瓣倒卵形，黄色，先端圆钝，雄蕊 20-30，心皮多数，离生；花托果期膨大，海绵质，鲜红色，有光泽。瘦果卵形。花期 6-8 月；果期 8-10 月。

　　全草药用，能散瘀消肿、收敛止血、清热解毒；茎叶捣敷治疗疮有特效，亦可敷蛇咬伤、烫伤、烧伤；果实煎服能治支气管炎；全草水浸液可防治农业害虫、杀蛆、孑孓等。

路边青属 Geum L.

路边青 Geum aleppicum Jacq.

多年生草本。茎直立，高 30-100 厘米，茎、叶柄等被开展粗硬毛。基生叶为大头羽状复叶，通常有小叶 2-6 对，小叶大小极不相等；顶生小叶最大，菱状广卵形或宽扁圆形，顶端急尖或圆钝，基部宽心形至宽楔形，边缘常浅裂，有不规则粗大锯齿，锯齿急尖或圆钝，两面绿色；茎生叶羽状复叶，顶生小叶披针形或倒卵披针形，顶端常渐尖或短渐尖，基部楔形；茎生叶托叶大，绿色，叶状，卵形，边缘有不规则粗大锯齿。花序顶生；花瓣黄色，萼片卵状三角形，副萼片狭小。聚合果倒卵球形，瘦果被长硬毛，花柱宿存。花果期 7-10 月。

全株含鞣质，可提制栲胶；全草入药，有祛风、除湿、止痛、镇痉之效；种子含干性油，可用制肥皂和油漆；鲜嫩叶可食用。

苹果属 Malus Mill.

山荆子 Malus baccata (L.) Borkh. 山丁子

乔木，高可达 14 米。叶椭圆形或卵形，先端渐尖，稀尾状渐尖，基部楔形或圆形，边缘有细锐锯齿；托叶膜质，披针形，全缘或有腺齿。伞形花序，具花 4-6，集生在小枝顶端；苞片膜质，线状披针形，边缘具有腺齿；花直径 3-3.5 厘米，萼片披针形，先端渐尖，全缘，花瓣倒卵形，先端圆钝，基部有短爪，白色，雄蕊 15-20，长短不齐，约等于花瓣之半，花柱 5 或 4，较雄蕊长。果实近球形红色或黄色。花期 4-6 月；果期 9-10 月。

可作庭园观赏树种；用作苹果和花红等砧木；可作培育耐寒苹果品种的原始材料。

三叶海棠 Malus sieboldii (Regel) Rehd.

灌木，高 2-6 米。叶卵形、椭圆形或长椭圆形，长 3-7.5 厘米，宽 2-4 厘米，先端急尖，基部圆形或宽楔形，边缘有尖锐锯齿，常 3（稀 5）浅裂；托叶草质。花 4-8，集生于小枝顶端，花直径 2-3 厘米，萼片三角卵形，花瓣长椭倒卵形，基部有短爪，淡粉红色，雄蕊 20，约等于花瓣之半，花柱 3-5。果实近球形，红色或褐黄色。花期 4-5 月；果期 8-9 月。

春季花美丽，供观赏；山东、辽宁有用作苹果砧木者。

委陵菜属 Potentilla L.

委陵菜 Potentilla chinensis Ser.

多年生草本。基生叶为羽状复叶，小叶 5-15 对，对生或互生，无柄，长圆形、倒卵形或长圆披针形，叶面绿色，被短柔毛或脱落几无毛，中脉下陷，叶背被白色绒毛，沿脉被白色绢状长柔毛；茎生叶与基生叶相似，唯叶片对数较少。伞房状聚伞花序，基部有披针形苞片；萼片三角卵形，副萼片带形或披针形，比萼片短约 1 倍且狭窄，花瓣黄色，宽倒卵形，顶端微凹。瘦果卵球形，深褐色，有明显皱纹。花果期 4-10 月。

根含鞣质，可提制栲胶；全草入药，能清热解毒、止血、止痢；嫩苗可食并可做猪饲料。

翻白草 Potentilla discolor Bge.

多年生草本。基生叶有小叶 2-4 对，连叶柄长 4-20 厘米，叶柄密被白色绵毛，有时并有长柔毛；小叶对生或互生，无柄，边缘具圆钝锯齿，稀急尖，叶面暗绿色，被稀疏白色绵毛或脱落几无毛，叶背密被白色或灰白色绵毛；基生叶托叶膜质。茎生叶 1-2；茎生叶托叶草质。花茎直立，密被白色绵毛。聚伞花序有花数朵至多朵，疏散，花梗外被绵毛；花萼片三角状卵形，副萼片披针形，比萼片短，外面被白色绵毛，花瓣黄色，倒卵形，顶端微凹或圆钝。瘦果近肾形，光滑。花果期 5-9 月。

全草入药，能解热、消肿、止痢、止血；块根含丰富淀粉，嫩苗可食。

匍枝委陵菜 Potentilla flagellaris Willd. ex Schlecht.

多年生匍匐草本。匍匐枝长 8-60 厘米，被伏生短柔毛。基生叶掌状 5 出复叶；小叶无柄；小叶披针形，卵状披针形或长椭圆形，顶端急尖或渐尖，基部楔形，边缘有缺刻状大小不等急尖锯齿 3-6，下部两个小叶有时 2 裂；匍匐枝上叶与基生叶相似；纤匍枝上托叶草质，绿色，卵披针形，常深裂。单花与叶对生，花萼片卵状长圆形，顶端急尖，与萼片近等长稀稍短，外面被短柔毛及疏柔毛，花瓣黄色，顶端微凹或圆钝。成熟瘦果长圆状卵形表面呈泡状突起。花果期 5-9 月。

嫩苗可食，也可做饲料。

莓叶委陵菜 Potentilla fragarioides L.

多年生草本。花茎多数，丛生，上升或铺散，被开展长柔毛。基生叶羽状复叶，有小叶 2-4 对，有短柄或几无柄；小叶倒卵形、椭圆形或长椭圆形，边缘有多数急尖或圆钝锯齿；基生叶托叶膜质。茎生叶常有小叶 3；茎生叶托叶草质。伞房状聚伞花序顶生；萼片三角卵形，副萼片长圆披针形，花瓣黄色，倒卵形，顶端圆钝或微凹，花柱近顶生。成熟瘦果近肾形，表面有脉纹。花期 4-6 月；果期 6-8 月。

朝天委陵菜 **Potentilla supina** L.

　　一年生或二年生草本。茎平展，上升或直立，叉状分枝，长 20-50 厘米。基生叶羽状复叶，有小叶 2-5 对；小叶互生或对生，最上面 1-2 对小叶基部下延与叶轴合生，小叶片顶端圆钝或急尖，基部楔形或宽楔形，边缘有圆钝或缺刻状锯齿；基生叶托叶膜质。茎生叶与基生叶相似；茎生叶托叶草质。花茎上多叶；顶端呈伞房状聚伞花序；萼片三角卵形，顶端急尖，副萼片长椭圆形或椭圆披针形，顶端急尖，花瓣黄色，倒卵形，顶端微凹。瘦果长圆形，先端尖，表面具脉纹。花果期 3-10 月。

稠李属 **Padus** Mill.

稠李 **Padus racemosa** (Lam.) Gilib.　　FOC 已修订为 **Padus avium** Mill.

　　落叶乔木，高可达 15 米。树皮粗糙而多斑纹。叶椭圆形、长圆形或长圆倒卵形，先端尾尖，基部圆形或宽楔形，边缘有不规则锐锯齿，有时混有重锯齿，叶柄顶端两侧各具腺体 1。总状花序具有多花；萼筒钟状，萼片三角状卵形，先端急尖或圆钝，边有带腺细锯齿，花瓣白色，雄蕊多数，排成紧密不规则 2 轮，雌蕊 1，柱头盘状。核果卵球形，红褐色至黑色；核有褶皱。花期 4-5 月；果期 5-10 月。

　　在欧洲和北亚长期栽培，有垂枝、花叶、大花、小花、重瓣、黄果和红果等变种，供观赏。

梨属 Pyrus L.

杜梨 Pyrus betulifolia Bge.

乔木，高达 10 米。枝常具刺。叶菱状卵形至长圆卵形，先端渐尖，基部宽楔形，稀近圆形，边缘有粗锐锯齿。伞形总状花序，有花 10-15；萼筒外密被灰白色绒毛，萼片三角卵形，先端急尖，全缘，内外两面均密被绒毛，花瓣宽卵形，先端圆钝，基部具有短爪，白色，雄蕊 20，花药紫色，花柱 2-3。果实近球形，直径 5-10 毫米，2-3 室，褐色，有淡色斑点。花期 4 月；果期 8-9 月。

抗干旱、耐寒凉，通常作各种栽培梨的砧木；结果期早，寿命长，木材致密可作各种器物；树皮含鞣质，可提制栲胶并入药。

豆梨 Pyrus calleryana Dcne.

乔木，高 5-8 米。小枝粗壮，二年生枝条灰褐色。叶宽卵形至卵形，稀长椭卵形，先端渐尖，基部圆形至宽楔形，边缘有钝锯齿。伞形总状花序，具花 6-12；苞片膜质，线状披针形；花直径 2-2.5 厘米，萼筒无毛，萼片披针形，先端渐尖，全缘，花瓣卵形，基部具短爪，白色，雄蕊 20，花柱 2（稀 3）。梨果球形，直径约 1 厘米，黑褐色，有斑点。花期 4 月；果期 8-9 月。

木材致密可作器具，通常用作沙梨砧木。

褐梨 Pyrus phaeocarpa Rehd.

乔木，高达 10 米。枝常具刺，二年生枝条紫褐色。叶菱状卵形至长圆卵形，长 4-8 厘米，宽 2.5-3.5 厘米，先端渐尖，基部宽楔形，稀近圆形，边缘有粗锐锯齿。伞形总状花序，有花 10-15；苞片膜质；萼筒外密被灰白色绒毛，萼片三角卵形，花瓣宽卵形，白色，雄蕊 20，花药紫色，花柱 2-3。果实近球形，直径 2-2.5 厘米，熟时褐色，密生淡褐色的斑点。花期 4 月；果期 8-9 月。

鸡麻属 Rhodotypos Sieb.et Zucc.

鸡麻 Rhodotypos scandens (Thunb.) Makino

　　落叶灌木，高 0.5-3 米。小枝紫褐色，嫩枝绿色，光滑。叶对生，卵形，长 4-11 厘米，宽 3-6 厘米，顶端渐尖，基部圆形至微心形，边缘有尖锐重锯齿；托叶膜质。单花顶生于新梢上；花直径 3-5 厘米，萼片大，卵状椭圆形，顶端急尖，边缘有锐锯齿，副萼片细小，狭带形，比萼片短 4-5 倍，花瓣白色，倒卵形。核果 1-4，黑色或褐色，斜椭圆形，光滑。花期 4-5 月；果期 6-9 月。

　　我国南北各地栽培供庭园绿化用；根和果入药，治血虚肾亏。

蔷薇属 Rosa L.

野蔷薇 Rosa multiflora Thunb. 多花蔷薇

　　攀缘灌木。小枝圆柱形，有短、粗稍弯曲皮刺。小叶 5-9；小叶倒卵形、长圆形或卵形，长 1.5-5 厘米，宽 8-28 毫米，先端急尖或圆钝，基部近圆形或楔形，边缘有尖锐单锯齿，稀混有重锯齿；托叶篦齿状，大部贴生于叶柄。花多朵，排成圆锥状花序；花直径 1.5-2 厘米，萼片披针形，花瓣白色，宽倒卵形，先端微凹，基部楔形，花柱结合成束。果近球形，红褐色或紫褐色。花期 4-5 月；果期 9-10 月。

　　鲜花含有芳香油，可食用、作化妆品及香精；根、叶、花和种子均入药，根能活血通络收敛，叶外用治肿毒，种子称营实能峻泻、利水通经；花艳丽，易栽植为花篱；根多含鞣质可提制栲胶。

悬钩子属 Rubus L.

牛叠肚 Rubus crataegifolius Bge. 山楂叶悬钩子

直立灌木，高 1-3 米。枝具有微弯皮刺。单叶卵形至长卵形，长 5-12 厘米，宽达 8 厘米，顶端渐尖，稀急尖，基部心形或近截形，叶背脉上有柔毛和小皮刺，边缘 3-5 掌状分裂，裂片有不规则缺刻状锯齿，基部具掌状 5 脉；叶柄疏生柔毛和小皮刺。花数朵簇生或成短总状花序，常顶生；萼片卵状三角形或卵形，花瓣椭圆形或长圆形，白色，雌蕊多数。果实近球形，直径约 1 厘米，暗红色。花期 5-6 月；果期 7-9 月。

果酸甜，可生食、制果酱或酿酒；全株含单宁，可提取栲胶；茎皮含纤维，可作造纸及制纤维板原料；果和根入药，补肝肾，祛风湿。

茅莓 Rubus parvifolius L.

灌木，高 1-2 米。枝被柔毛和稀疏钩状皮刺。小叶 3，新枝上偶为 5，菱状圆形或倒卵形，顶端圆钝或急尖，基部圆形或宽楔形，叶面伏生疏柔毛，叶背密被灰白色绒毛，边缘有不整齐粗锯齿或缺刻状粗重锯齿。伞房花序顶生或腋生，具花数朵至多朵，被柔毛和细刺；花直径约 1 厘米，花萼外面密被柔毛和疏密不等的针刺，萼片卵状披针形或披针形，花瓣卵圆形或长圆形，粉红至紫红色。果实卵球形，红色。花期 5-6 月；果期 7-8 月。

果实酸甜多汁，可供食用、酿酒及制醋等；根和叶含单宁，可提取栲胶；全株入药，有止痛、活血、祛风湿及解毒之效。

多腺悬钩子 Rubus phoenicolasius Maxim.

　　灌木，高 1-3 米。枝初直立后蔓生，密生红褐色刺毛、腺毛和稀疏皮刺。小叶 3，卵形、宽卵形或菱形，稀椭圆形，长 4-10 厘米，宽 2-7 厘米，顶端急尖至渐尖，基部圆形至近心形，叶面或仅沿叶脉有伏柔毛，叶背密被灰白色绒毛，沿叶脉有刺毛、腺毛和稀疏小针刺，边缘具不整齐粗锯齿，常有缺刻，顶生小叶常浅裂。花较少数，形成短总状花序；花直径 6-10 毫米，萼片披针形，顶端尾尖，在花果期均直立开展，花瓣直立，倒卵状匙形或近圆形，紫红色。果实半球形，红色。花期 5-6 月；果期 7-8 月。

　　果微酸可食；根、叶入药，可解毒及作强壮剂；茎皮可提取栲胶。

罗艳 摄

刺毛白叶莓 Rubus spinulosoides Metc.

　　灌木。枝褐色，小枝带黄色长柔毛和浅红色腺毛，疏生钩状皮刺。小叶通常 3，卵形、椭圆形或菱状椭圆形，长 4-10 厘米，宽 2-6 厘米，顶端急尖，基部宽楔形至圆形，叶面疏生平贴柔毛，叶背密被灰色或黄灰色绒毛，边缘有不整齐粗钝锯齿；顶生小叶有柄，侧生小叶近无柄，均被长柔毛、稀疏小刺和短腺毛。大型圆锥花序顶生，侧生花序近总状；花序梗和花梗均被长柔毛、紫红色短腺毛和稀疏针状刺；花萼外面被长柔毛、紫红色腺毛和疏针刺，萼片在花果时直立开展，花瓣粉红色，雄蕊多数，直立，花丝近基部宽扁，雌蕊较多；子房有柔毛。果实近球形，红色。花果期 4-7 月。

地榆属 Sanguisorba L.

宽蕊地榆 Sanguisorba applanata Yu & Li

多年生草本。根粗壮，圆柱形。茎高 75-120 厘米。茎下部叶为羽状复叶，有小叶 3-5 对，小叶片卵形，椭圆形或长圆形，长 1.5-5 厘米，宽 1-4 厘米，顶端圆钝，稀截形，基部心形，边缘有粗大圆钝锯齿；茎上部叶小叶片较狭窄；托叶半圆形，边缘有缺刻状锯齿。穗状花序窄长圆柱形；苞片椭圆卵形；萼片淡粉色或白色，椭圆形，雄蕊 4，比萼片长 2 倍以上，子房 1，花柱丝状，柱头扩大呈盘状。花果期 8-10 月。

地榆 Sanguisorba officinalis L. 黄爪香、玉札、山枣子

多年生草本，高 30-120 厘米。茎直立，有棱。基生叶为羽状复叶；小叶有短柄，小叶 4-6 对，卵形或长圆状卵形，顶端圆钝稀急尖，基部心形至浅心形，边缘有多数粗大圆钝稀急尖的锯齿；基生叶托叶膜质。茎生叶较少，小叶有短柄至几无柄，长圆形至长圆披针形，狭长，基部微心形至圆形，顶端急尖；茎生叶托叶大，草质。穗状花序椭圆形，圆柱形或卵球形，直立；萼片 4，紫红色，椭圆形至宽卵形，雄蕊 4，花丝丝状，柱头顶端扩大，盘形，边缘具流苏状乳头。果实包藏在宿存萼筒内。花果期 8-10 月。

根为止血要药及治疗烧伤、烫伤；此外有些地区用来提制栲胶；嫩叶可食，又作代茶饮。

花楸属 Sorbus L.

水榆花楸 Sorbus alnifolia (Sieb. et Zucc.) K. Koch

乔木，高可达 20 米。小枝圆柱形，二年生枝暗红褐色，老枝暗灰褐色。叶卵形至椭圆卵形，长 5-10 厘米，宽 3-6 厘米，先端短渐尖，基部宽楔形至圆形，边缘有不整齐的尖锐重锯齿。复伞房花序较疏松，具花 6-25；萼筒钟状，萼片三角形，花瓣卵形或近圆形，先端圆钝，白色，雄蕊 20，花柱 2，短于雄蕊。果实椭圆形或卵形，红色或黄色，2 室，萼片脱落后果实先端残留圆斑。花期 5 月；果期 8-9 月。

美丽观赏树；木材供作器具、车辆及模型用，树皮可作染料，纤维供造纸原料。

绣线菊属 Spiraea L.

华北绣线菊 Spiraea fritschiana Schneid.

灌木，高 1-2 米。枝条粗壮，紫褐色至浅褐色。叶卵形、椭圆卵形或椭圆长圆形，先端急尖或渐尖，基部宽楔形，边缘有不整齐重锯齿或单锯齿。复伞房花序顶生于当年生直立新枝上，多花；苞片披针形或线形，微被短柔毛；花直径 5-6 毫米，萼筒钟状，萼片三角形，花瓣卵形，先端圆钝，白色，雄蕊 25-30，长于花瓣。蓇葖果直立，开张。花期 6 月；果期 7-8 月。

可引种栽培供观赏。

小米空木属 Stephanandra Sieb. et Zucc.

小米空木 Stephanandra incisa (Thunb.) Zabel 小野珠兰

落叶灌木，高达 2.5 米。小枝幼时红褐色，老时紫灰色。叶卵形至三角卵形，长 2-4 厘米，宽 1.5-2.5 厘米，先端渐尖或尾尖，基部心形或截形，边缘常深裂，有 4-5 对裂片及重锯齿。顶生疏松的圆锥花序，具花多朵；苞片小，披针形；花直径约 5 毫米，萼筒浅杯状，萼片三角形至长圆形，先端钝，边缘有细锯齿，花瓣倒卵形，白色，雄蕊 10，着生在萼筒边缘，心皮 1。蓇葖果近球形，具宿存直立或开展的萼片。花期 6-7 月；果期 8-9 月。

可引种栽培供观赏。

40 **豆科** Fabaceae | **合萌属 Aeschynomene** L.

合萌 Aeschynomene indica L. 田皂角

一年生草本或亚灌木状。茎直立，高 0.3-1 米。叶具 20-30 对小叶或更多，小叶近无柄，薄纸质，线状长圆形，上面密布腺点，下面稍带白粉，先端钝圆或微凹，具细刺尖头，基部歪斜，全缘；叶柄长约 3 毫米；托叶膜质，卵形至披针形，长约 1 厘米，基部下延成耳状，通常有缺刻或啮蚀状。总状花序；花冠淡黄色，具紫色的纵脉纹，易脱落，旗瓣大，近圆形，翼瓣篦状，龙骨瓣比旗瓣稍短，雄蕊二体。荚果线状长圆形，腹缝直，背缝多少呈波状；荚节 4-10，中央有小疣凸，不开裂，成熟时逐节脱落。种子黑棕色，肾形。花期 7-8 月；果期 8-10 月。

优良的绿肥植物；全草入药，能利尿解毒；茎髓质地轻软，耐水湿，可制遮阳帽、浮子、救生圈和瓶塞等；种子有毒，不可食用。

合欢属 **Albizzia** Durazz.

山槐 **Albizia kalkora** (Roxb.) Prain 山合欢

　　落叶小乔木或灌木，高 3-8 米。枝条暗褐色，有显著皮孔。二回羽状复叶；小叶长圆形或长圆状卵形，先端圆钝而有细尖头，基部不等侧，中脉稍偏于上侧。头状花序 2-7 生于叶腋，或于枝顶排成圆锥花序；花初白色，后变黄，花萼管状，齿裂 5，花冠中部以下连合呈管状，花萼、花冠均密被长柔毛，雄蕊基部连合呈管状。荚果带状，长 7-17 厘米。种子倒卵形。花期 5-6 月；果期 8-10 月。

　　生长快，能耐干旱及瘠薄地；木材耐水湿；花美丽，亦可植为风景树。

紫穗槐属 **Amorpha** L.

紫穗槐 **Amorpha fruticosa** L.

　　落叶灌木，丛生，高 1-4 米。小枝灰褐色。奇数羽状复叶；基部有线形托叶；小叶卵形或椭圆形，先端圆形，锐尖或微凹，有一短而弯曲的尖刺，基部宽楔形或圆形，下面有白色短柔毛，具黑色腺点。穗状花序常 1 至数个顶生和枝端腋生；旗瓣心形，紫色，无翼瓣和龙骨瓣，雄蕊 10，下部合生成鞘，上部分裂，包于旗瓣之中，伸出花冠外。荚果下垂，长 6-10 毫米，微弯曲，棕褐色，表面有凸起的疣状腺点。花果期 5-10 月。

　　枝叶作绿肥、家畜饲料；茎皮可提取栲胶，枝条编制篓筐；果实含芳香油，种子含油率 10%，可作油漆、甘油和润滑油之原料；护堤防沙、防风固沙。

两型豆属 Amphicarpaea Elliott ex Nutt.

两型豆 Amphicarpaea edgeworthii Benth.
FOC 已修订为 **Amphicarpaea bracteata** (L.) Fernald subsp. **edgeworthii** (Benth.) H. Ohashi

一年生缠绕草本。叶具羽状小叶 3，小叶薄纸质或近膜质，顶生小叶菱状卵形或扁卵形，常具细尖头，基部圆形、宽楔形或近截平，侧生小叶稍小，常偏斜。花二型。生在茎上部的为正常花，排成腋生的短总状花序，有花 2-7；花萼管状，5 裂，裂片不等，花冠淡紫色或白色，雄蕊二体。生于下部为闭锁花，无花瓣，柱头弯至与花药接触，子房伸入地下结实。荚果二型。生于茎上部的完全花结的荚果为长圆形或倒卵状长圆形，扁平，微弯；种子 2-3，肾状圆形，黑褐色，种脐小。由闭锁花伸入地下结的荚果呈椭圆形或近球形，不开裂，内含种子 1。花果期 8-11 月。

决明属 Cassia L.

豆茶决明 Cassia nomame (Makino) Kitag.   FOC 已修订为 **Senna nomame** (Makino) T. C. Chen

一年生草本，株高 30-60 厘米。稍有毛，分枝或不分枝。叶长 4-8 厘米，有小叶 8-28 对，小叶带状披针形，稍不对称；叶柄上端有黑褐色、盘状、无柄腺体 1。花生于叶腋，有柄，单生或 2 至数朵组成短的总状花序；萼片 5，分离，外面疏被柔毛，花瓣 5，黄色，雄蕊 4，有时 5，子房密被短柔毛。荚果扁平，开裂，有种子 6-12 粒。种子扁，近菱形，平滑。花期 7-8 月；果期 8-9 月。

叶可做茶的代用品。

皂荚属 Gleditsia L.

山皂荚 Gleditsia japonica Miq.

　　落叶乔木或小乔木，高达 25 米。小枝具分散的白色皮孔。刺略扁，粗壮，常分枝。叶为一回或二回羽状复叶；小叶 3-10 对，纸质至厚纸质，卵状长圆形或卵状披针形至长圆形，先端圆钝，有时微凹，基部阔楔形或圆形，微偏斜，全缘或具波状疏圆齿。花黄绿色，组成穗状花序，腋生或顶生，雄花序长 8-20 厘米，雌花序长 5-16 厘米；雄花花瓣 4，椭圆形，雄蕊 6-9；雌花萼片和花瓣均为 4-5，形状与雄花的相似，不育雄蕊 4-8。荚果带形，扁平，不规则旋扭或弯曲作镰刀状，先端具喙，果瓣革质，常具泡状隆起。种子多数，椭圆形。花期 4-6 月；果期 6-11 月。

　　荚果含皂素，可代肥皂用以洗涤，并可作染料；种子入药；嫩叶可食；木材坚实，心材带粉红色，色泽美丽，纹理粗，可作建筑、器具、支柱等用材。

大豆属 Glycine Willd.

野大豆 Glycine soja Sieb. et Zucc.

　　一年生缠绕草本，长 1-4 米。全株疏被褐色长硬毛。叶具 3 小叶；顶生小叶卵圆形或卵状披针形，先端锐尖至钝圆，基部近圆形，全缘，两面均被绢状的糙伏毛；侧生小叶斜卵状披针形；托叶卵状披针形。总状花序；花小，长约 5 毫米，花萼钟状，裂片 5，花冠淡红紫色或白色，旗瓣近圆形，翼瓣斜倒卵形，有明显的耳，龙骨瓣比旗瓣及翼瓣短小，花柱短而向一侧弯曲。荚果长圆形，稍弯，种子2-3颗。种子间稍缢缩。花期7-8月；果期8-10月。

全株可栽作牧草、绿肥和水土保持植物；茎皮纤维可织麻袋；种子可供食用、制酱、酱油和豆腐等，又可榨油；全草还可药用，有补气血、强壮、利尿等功效，主治盗汗、肝火、目疾、黄疸、小儿疳疾；曾自茎叶中分离出一种对所有血型有凝集作用的植物血朊凝素。

木蓝属 Indigofera L.

花木蓝 Indigofera kirilowii Maxim. ex Palibin

小灌木，高30-100厘米。幼枝有棱，疏生白色丁字毛。羽状复叶；小叶2-5对，对生，阔卵形、卵状菱形或椭圆形，先端圆钝或急尖，具长的小尖头，基部楔形或阔楔形。总状花序，疏花；花萼杯状，萼齿披针状三角形，花冠淡红色，稀白色，花瓣近等长，旗瓣椭圆形，先端圆形，花药阔卵形，两端有髯毛。荚果棕褐色，有种子10余。种子赤褐色，长圆形。花期5-7月；果期8-9月。

茎皮纤维供制人造棉、纤维板和造纸用；枝条可编筐；种子含油及淀粉；叶含鞣质。

鸡眼草属 Kummerowia Schindl.

长萼鸡眼草 Kummerowia stipulacea (Maxim.) Makino

一年生草本，高7-15厘米。茎平伏，上升或直立，多分枝，茎和枝上被疏生向上的白毛。叶为三出羽状复叶；小叶纸质，倒卵形、宽倒卵形或倒卵状楔形，先端微凹或近截形，基部楔形，叶背中脉及边缘有毛，侧脉多而密；叶柄短；托叶卵形。花常1-2腋生，小苞片4，其中1枚很小，生于花梗关节之下，花冠上部暗紫色，旗瓣椭圆形，先端微凹，下部渐狭成瓣柄，翼瓣狭披针形，龙骨瓣钝，上面有暗紫色斑点。荚果椭圆形或卵形，稍侧偏。花期7-8月；果期8-10月。

全草药用，能清热解毒、健脾利湿；又可作饲料及绿肥。

鸡眼草 **Kummerowia striata** (Thunb.) Schindl. 掐不齐

一年生草本。茎披散或平卧，多分枝，枝上被倒生的白色细毛。叶为三出羽状复叶；小叶纸质，倒卵形、长倒卵形或长圆形，极易自侧脉掐断，先端圆形，基部近圆形或宽楔形，全缘，两面沿中脉及边缘有白色粗毛；叶柄极短；托叶大，膜质，卵状长圆形，比叶柄长，具条纹，有缘毛。花小，单生或 2-3 簇生于叶腋，花梗下端具大小不等的苞片 2，萼基部具小苞片 4，其中 1 枚极小，位于花梗关节处，花冠粉红色或紫色。荚果圆形或倒卵形，稍侧扁，先端短尖。花期 7-9 月；果期 8-10 月。

全草供药用，有利尿通淋、解热止痢之效；全草煎水，可治风疹；又可作饲料和绿肥。

胡枝子属 **Lespedeza** Michx.

胡枝子 **Lespedeza bicolor** Turcz.

直立灌木，高 1-3 米。羽状复叶具 3 小叶；小叶质薄，卵形、倒卵形或卵状长圆形，先端钝圆或微凹，稀稍尖，具短刺尖，基部近圆形或宽楔形，全缘；托叶 2，线状披针形。总状花序腋生；小苞片 2，卵形；花萼 5 浅裂，花冠红紫色，旗瓣倒卵形，先端微凹，翼瓣较短，近长圆形，基部具耳和瓣柄，龙骨瓣与旗瓣近等长，先端钝，基部具较长的瓣柄。荚果斜倒卵形，稍扁，表面具网纹。花期 7-9 月；果期 9-10 月。

种子油可供食用或作机器润滑油；叶可代茶；枝可编筐；性耐旱，是防风、固沙及水土保持植物，为营造防护林及混交林的伴生树种。

长叶胡枝子 Lespedeza caraganae Bge. 长叶铁扫帚

灌木，高约 50 厘米。羽状复叶具 3 小叶；小叶长圆状线形，长 2-4 厘米，宽 2-4 毫米，先端钝或微凹，具小刺尖，基部狭楔形；叶柄短；托叶钻形，长 2.5 毫米。总状花序腋生；总花梗长 0.5-1 厘米，密生白色伏毛，具花 3-4；花萼狭钟形，5 深裂，裂片披针形，先端长渐尖，花冠显著超出花萼，白色、黄色或浅紫色，旗瓣宽椭圆形，翼瓣长圆形，龙骨瓣瓣柄长，先端钝头。有瓣花的荚果长圆状卵形，先端具喙；闭锁花的荚果倒卵状圆形，先端具短喙。花期 6-9 月；果期 10 月。

截叶铁扫帚 Lespedeza cuneata (Dum.-Cours.) G. Don

小灌木，高达 1 米。茎直立或斜升，上部分枝；分枝斜上举。叶密集；小叶楔形或线状楔形，先端截形或近截形，具小刺尖，基部楔形；叶柄短。总状花序腋生，具花 2-4；小苞片卵形或狭卵形，先端渐尖，背面被白色伏毛，边具缘毛；花萼狭钟形，5 深裂，裂片披针形，花冠淡黄色或白色，旗瓣基部有紫斑，有时龙骨瓣先端带紫色，翼瓣与旗瓣近等长，龙骨瓣稍长。闭锁花簇生于叶腋。荚果宽卵形或近球形，被伏毛。花期 7-8 月；果期 9-10 月。

兴安胡枝子 **Lespedeza daurica** (Laxm.) Schindl. 达胡里胡枝子

　　小灌木，高达 1 米。茎通常稍斜升。羽状复叶具 3 小叶；小叶长圆形或狭长圆形，先端圆形或微凹，有小刺尖，基部圆形；顶生小叶较大。总状花序腋生；总花梗密生短柔毛；小苞片披针状线形，有毛；花萼 5 深裂，外面被白毛，萼裂片披针形，先端长渐尖，成刺芒状，与花冠近等长，花冠白色或黄白色，旗瓣长约 1 厘米，中央稍带紫色，具瓣柄，翼瓣较短，龙骨瓣比翼瓣长。闭锁花生于叶腋，结实。荚果小，倒卵形或长倒卵形，长 3-4 毫米，宽 2-3 毫米，先端有刺尖，包于宿存花萼内。花期 7-8 月；果期 9-10 月。

多花胡枝子 **Lespedeza floribunda** Bge.

　　小灌木，高 30-60（-100）厘米。枝有条棱，被灰白色绒毛。羽状复叶具 3 小叶；小叶具柄，倒卵形，宽倒卵形或长圆形，先端微凹、钝圆或近截形，具小刺尖，基部楔形，上面被疏伏毛，下面密被白色伏柔毛。总状花序腋生；花多数；小苞片卵形，长约 1 毫米，先端急尖；花萼 5 裂，上方 2 裂片下部合生，上部分离；花冠紫色、紫红色或蓝紫色，旗瓣椭圆形，先端圆形，基部有柄，翼瓣稍短，龙骨瓣长于旗瓣。荚果宽卵形超出宿存萼，有网状脉。花期 6-9 月；果期 9-10 月。

　　可作家畜饲料及绿肥；亦为水土保持植物。

阴山胡枝子 **Lespedeza inschanica** (Maxim.) Schindl. 白指甲花

　　灌木，高达 80 厘米。茎直立或斜升。羽状复叶具 3 小叶；小叶长圆形或倒卵状长圆形，先端钝圆或微凹，基部宽楔形或圆形，叶面近无毛，叶背密被伏毛。总状花序腋生，具花 2-6；花萼长 5 深裂，萼筒外被伏毛，向上渐稀疏，花冠白色，旗瓣近圆形，先端微凹，基部带大紫斑，花期反卷，翼瓣长圆形，龙骨瓣长 6.5 毫米，通常先端带紫色。荚果倒卵形，密被伏毛，短于宿存萼。

绒毛胡枝子 **Lespedeza tomentosa** (Thunb.) Sieb. ex Maxim.

　　灌木，高达 1 米。全株密被黄褐色绒毛。羽状复叶具 3 小叶；小叶质厚，椭圆形或卵状长圆形，先端钝或微心形，叶面被短伏毛，叶背密被黄褐色绒毛或柔毛。总状花序顶生或于茎上部腋生；总花梗粗壮；花萼 5 深裂，裂片狭披针形，先端长渐尖，花冠黄色或黄白色，旗瓣椭圆形，长约 1 厘米，龙骨瓣与旗瓣近等长，翼瓣较短，长圆形。闭锁花生于茎上部叶腋，簇生成球状。荚果倒卵形，先端有短尖，表面密被毛。花期 7-9 月；果期 9-10 月。

　　水土保持植物；又可作饲料及绿肥；根药用，健脾补虚，有增进食欲及滋补之效。

细梗胡枝子 **Lespedeza virgata** (Thunb.) DC.

　　小灌木，高 25-50 厘米。基部分枝，枝细，带紫色，被白色伏毛。羽状复叶具 3 小叶；小叶椭圆形、长圆形或卵状长圆形，稀近圆形，先端钝圆，有时微凹，有小刺尖，基部圆形，边缘稍反卷，叶面无毛，叶背密被伏毛。总状花序腋生，通常具稀疏的花 3；总花梗纤细，毛发状，显著超出叶；花梗短；花冠黄白色，花萼狭钟形，旗瓣基部有紫斑，翼瓣较短，龙骨瓣长于旗瓣或近等长。闭锁花簇生于叶腋，无梗，结实。荚果近圆形，通常不超出萼。花期 7-9 月；果期 9-10 月。

马鞍树属 **Maackia** Rupr. et Maxim.

朝鲜槐 **Maackia amurensis** Rupr. et Maxim.

　　落叶乔木，高可达 15 米。枝紫褐色，有褐色皮孔。羽状复叶；小叶 3-5 对，对生或近对生，纸质、卵形、倒卵状椭圆形或长卵形，先端钝，短渐尖，基部阔楔形或圆形。总状花序 3-4 个集生，长 5-9 厘米，花密集；花冠白色，旗瓣倒卵形，顶端微凹，基部渐狭成柄，反卷，翼瓣长圆形，基部两侧有耳，子房线形，密被黄褐色毛。荚果扁平。种子褐黄色，长椭圆形。花期 6-7 月；果期 9-10 月。

　　可作建筑及各种器具、农具等用；树皮、叶含单宁，作染料及药用；种子可榨油。

苜蓿属 **Medicago** L.

天蓝苜蓿 **Medicago lupulina** L.

　　一二年生或多年生草本，高 15-60 厘米。全株被柔毛或有腺毛。多分枝，叶茂盛。羽状三出复叶；下部叶柄较长，上部叶柄比小叶短；小叶倒卵形、阔倒卵形或倒心形，纸质，先端多少截平或微凹，具细尖，基部楔形，边缘在上半部具不明显尖齿。花序小头状，具花 10-20；花冠黄色，旗瓣近圆形，顶端微凹，翼瓣和龙骨瓣近等长，均比旗瓣短，花柱弯曲。荚果肾形，表面具同心弧形脉纹；有种子 1。种卵形。花期 7-9 月；果期 8-10 月。

草木犀属 Melilotus (L.) Mill.

白花草木犀 **Melilotus albus** Medic. ex Desr.

　　一二年生草本，高 70-200 厘米。茎直立，圆柱形，中空。羽状三出复叶；叶柄比小叶短，纤细；小叶长圆形或倒披针状长圆形，先端钝圆，基部楔形，边缘疏生浅锯齿，叶面无毛，叶背被细柔毛；顶生小叶稍大，具较长小叶柄，侧生小叶柄短。总状花序腋生，具花 40-100，排列疏松；花冠白色，旗瓣椭圆形，稍长于翼瓣，龙骨瓣与冀瓣等长或稍短。荚果椭圆形至长圆形，先端锐尖，具尖喙表面脉纹细，网状，棕褐色，老熟后变黑褐色，有种子 1-2。种子卵形，棕色，表面具细瘤点。花期 5-7 月；果期 7-9 月。

　　优良的饲料植物与绿肥。

草木犀 **Melilotus officinalis** (L.) Lam.

二年生草本，高 40-200 厘米。茎直立，粗壮，多分枝，具纵棱。羽状三出复叶；托叶镰状线形；叶柄细长；小叶倒卵形、阔卵形、倒披针形至线形，先端钝圆或截形，基部阔楔形，边缘具不整齐疏浅齿。总状花序腋生，具花 30-70，初时稠密，花开后渐疏松；苞片刺毛状；花长 3.5-7 毫米，花冠黄色，旗瓣倒卵形，与翼瓣近等长，龙骨瓣稍短或三者均近等长，子房卵状披针形，胚珠 4-8。荚果卵形，先端具宿存花柱，表面具凹凸不平的横向细网纹。种子卵形。花期 5-9 月；果期 6-10 月。

常见牧草。

长柄山蚂蝗属 **Podocarpium** (Benth.) Yang et Huang
FOC 已修订为 **Hylodesmum** H. Ohashi et R. R. Mill

长柄山蚂蝗 **Podocarpium podocarpum** (DC.) Yang et Huan
FOC 已修订为 **Hylodesmum podocarpum** (DC.) H. Ohashi et R. R. Mill

直立草本，高 50-100 厘米。三出羽状复叶；托叶钻形；小叶纸质，顶生小叶宽倒卵形，先端凸尖，基部楔形或宽楔形，全缘；侧生小叶斜卵形，较小，偏斜。总状花序或圆锥花序，顶生或腋生，结果时延长；总花梗通常每节生花 2；花萼钟形，裂片极短，被小钩状毛，花冠紫红色，旗瓣宽倒卵形，翼瓣窄椭圆形，龙骨瓣与翼瓣相似，雄蕊单体，子房具子房柄。荚果通常有荚节 2，背缝线弯曲，节间深凹入达腹缝线；荚节略呈宽半倒卵形，先端截形，基部楔形，被钩状毛和小直毛，稍有网纹。花果期 8-9 月。

葛属 Pueraria DC.

葛 Pueraria lobata (Willd.) Ohwi 野葛
FOC 已修订为葛麻姆 Pueraria montana (Lour.) Merr. var. lobata (Willd.) Maesen et S. M. Almeida ex Sanjappa et Predeep

　　粗壮藤本。全体被黄色长硬毛，茎基部木质，有粗厚的块状根。羽状复叶具 3 小叶；小叶 3 裂，偶全缘；顶生小叶宽卵形或斜卵形，侧生小叶斜卵形，稍小。总状花序中部以上有颇密集的花；花 2-3 聚生于花序轴的节上；花萼钟形，花冠紫色，旗瓣倒卵形，基部有耳 2 及黄色硬痂状附属体 1，具短瓣柄，翼瓣镰状，较龙骨瓣为狭，基部有线形、向下的耳，龙骨瓣镰状长圆形，基部有极小、急尖的耳，对旗瓣的 1 枚雄蕊仅上部离生。荚果长椭圆形。花期 9-10 月；果期 11-12 月。

　　根供药用，有解表退热、生津止渴、止泻的功能，并能改善高血压病人的项强、头晕、头痛、耳鸣等症状；茎皮纤维供织布和造纸用；也是一种良好的水土保持植物。

刺槐属 Robinia L.

刺槐 Robinia pseudoacacia L.

　　落叶乔木，高 10-25 米。树皮灰褐色至黑褐色，浅裂至深纵裂。具托叶刺，长达 2 厘米；羽状复叶；叶轴上面具沟槽；小叶 5-12 对，常对生，椭圆形、长椭圆形或卵形，先端圆，微凹，具小尖头，基部圆至阔楔形，全缘。总状花序腋生，下垂，花多数；花芳香，花萼斜钟状，萼齿 5，花冠白色，各瓣均具瓣柄，旗瓣近圆形，反折，内有黄斑，翼瓣斜倒卵形，与旗瓣几等长，龙骨瓣镰状，雄蕊二体，对旗瓣的 1 枚分离。荚果褐色；花萼宿存，有种子 2-15 粒。花期 4-6 月；果期 8-9 月。

　　优良固沙保土树种；材质硬重，抗腐耐磨，宜作枕木、车辆、建筑、矿柱等多种用材；生长快，萌芽力强，是速生薪炭林树种；又是优良的蜜源植物。

槐属 Sophora L.

苦参 Sophora flavescens Alt.

多年生草本或亚灌木，通常高 1-2 米。羽状复叶；小叶 6-12 对，互生或近对生，纸质，形状多变，椭圆形、卵形、披针形至披针状线形，先端钝或急尖，基部宽楔开或浅心形。总状花序顶生，花多数；花萼钟状，明显歪斜，花冠比花萼长 1 倍，白色或淡黄白色，旗瓣倒卵状匙形，先端圆形或微缺，基部渐狭成柄，翼瓣单侧生，龙骨瓣与翼瓣相似，雄蕊 10，分离或近基部稍连合，花柱稍弯曲，胚珠多数。荚果。种子长卵形，稍压扁。花期 6-8 月；果期 7-10。

根药用，有清热燥湿、杀虫止痒的功效；茎皮纤维可作工业原料。

槐 Sophora japonica L.

乔木，高达 25 米。树皮灰褐色，具纵裂纹。羽状复叶；叶柄基部膨大，包裹着芽；小叶 4-7 对，对生或近互生，纸质，卵状披针形或卵状长圆形，先端渐尖，具小尖头，基部宽楔形或近圆形，稍偏斜，叶背灰白色。圆锥花序顶生，常呈金字塔形；花萼浅钟状，萼齿 5，近等大，花冠白色或淡黄色，旗瓣近圆形，具短柄，翼瓣卵状长圆形，先端浑圆，基部斜戟形，龙骨瓣阔卵状长圆形，与翼瓣等长，雄蕊近分离，宿存。荚果串珠状。种子排列较紧密，具肉质果皮，成熟后不开裂。花期 7-8 月；果期 8-10 月。

树冠优美，花芳香，是行道树和优良的蜜源植物；花和荚果入药，有清凉收敛、止血降压作用；叶和根皮有清热解毒作用，可治疗疮毒；木材供建筑用。昆嵛山引种。

野豌豆属 Vicia L.

山野豌豆 Vicia amoena Fisch. ex Ser.

多年生草本，高 30-100 厘米，植株被疏柔毛。主根粗壮，须根发达。茎细软，斜升或攀缘。偶数羽状复叶；顶端卷须有 2-3 分支；托叶半箭头形，边缘有裂齿 3-4；小叶椭圆形至卵披针形，先端圆，微凹，基部近圆形。总状花序通常长于叶，花 10-30 密集着生于花序轴上部；花冠红紫色、蓝紫色或蓝色花期颜色多变，旗瓣倒卵圆形，瓣柄较宽，翼瓣与旗瓣近等长。荚果长圆形，两端渐尖，无毛。种子 1-6，圆形。花期 4-6 月；果期 7-10 月。

优良牧草；民间药用称透骨草，有去湿，清热解毒之效，为疮洗剂；繁殖迅速，再生力强，是防风、固沙、水土保持及绿肥作物之一；亦可作绿篱、荒山、园林绿化，建立人工草场和早春蜜源植物。

窄叶野豌豆 Vicia angustifolia L.　　FOC 已修订为 Vicia sativa subsp. nigra Ehrh.

一年生或二年生草本。茎斜升、蔓生或攀缘，多分支，被疏柔毛。偶数羽状复叶；叶轴顶端卷须发达；托叶半箭头形或披针形；小叶 4-6 对，线形或线状长圆形，长 1-2.5 厘米，宽 0.2-0.5 厘米，先端平截或微凹，具短尖头，基部近楔形。花 1-2 腋生，花冠红色或紫红色，旗瓣倒卵形，先端圆、微凹，有瓣柄，翼瓣与旗瓣近等长，龙骨瓣短于翼瓣。荚果长线形，微弯。花期 3-6 月；果期 5-9 月。

绿肥及牧草；亦为早春蜜源及观赏绿篱等。

大花野豌豆 *Vicia bungei* Ohwi 三齿萼野豌豆

一二年生缠绕或匍匐伏草本，高15-50厘米。茎有棱，多分枝。托叶半箭头形，有锯齿；小叶3-5对，长圆形或狭倒卵长圆形，先端平截微凹，稀齿状。总状花序长于叶或与叶轴近等长；具花2-5着生于花序轴顶端；萼钟形，被疏柔毛，萼齿披针形，花冠红紫色或金蓝紫色，旗瓣倒卵披针形，先端微缺，翼瓣短于旗瓣，长于龙骨瓣。荚果扁长圆形。种子2-8，球形。花期4-5月；果期6-7月。

广布野豌豆 *Vicia cracca* L.

多年生草本，高40-150厘米。茎攀缘或蔓生。偶数羽状复叶；叶轴顶端卷须有2-3分支；托叶半箭头形或戟形，上部2深裂；小叶线形、长圆或披针状线形，先端锐尖或圆形，具短尖头，基部近圆或近楔形。总状花序；花10-40密集着生于总花序轴上部；花冠紫色、蓝紫色或紫红色，旗瓣长圆形，中部缢缩呈提琴形，翼瓣与旗瓣近等长。荚果长圆形或长圆菱形，先端有喙。种子扁圆球形。花果期5-9月。

水土保持及绿肥作物；嫩时为牛羊等牲畜喜食饲料，花期早春为蜜源植物之一。

救荒野豌豆 Vicia sativa L.

　　一年生或二年生草本。茎斜升或攀缘。偶数羽状复叶长 2-10 厘米；叶轴顶端卷须有 2-3 分支；托叶戟形，通常裂齿 2-4；小叶 2-7 对，长椭圆形或近心形，先端圆或平截有凹，具短尖头，基部楔形。花 1-4 腋生，近无梗，花冠紫红色或红色，旗瓣长倒卵圆形，先端圆，微凹，中部缢缩，翼瓣短于旗瓣，长于龙骨瓣。荚果长圆形。种子 4-8，圆球形，棕色或黑褐色。花期 4-7 月；果期 7-9 月。

　　绿肥及优良牧草；全草药用。

四籽野豌豆 Vicia tetrasperma (L.) Schreber

　　一年生缠绕草本。茎纤细柔软有棱，多分支，被微柔毛。偶数羽状复叶；顶端为卷须；托叶箭头形或半三角形；小叶 2-6 对，长圆形或线形，先端圆，具短尖头，基部楔形。总状花序；花 1-2 着生于花序轴先端，花甚小，仅长约 0.3 厘米，花冠淡蓝色或带蓝、紫白色，旗瓣长圆倒卵形，翼瓣与龙骨瓣近等长，子房胚珠 4。荚果长圆形，表皮具网纹。种子 4，扁圆形。花期 3-6 月；果期 6-8 月。

　　优良牧草，嫩叶可食；全草药用，有平胃、明目之功效。

歪头菜 Vicia unijuga A. Br.

　　多年生草本。通常数茎丛生，具棱。叶轴末端为细刺尖头，偶见卷须；托叶戟形或近披针形；小叶一对，卵状披针形或近菱形，先端渐尖，基部楔形。总状花序单一呈圆锥状复总状花序，明显长于叶；花 8-20 密集于花序轴上部；花萼紫色，斜钟状或钟状，花冠蓝紫色、紫红色或淡蓝色，旗瓣倒提琴形，中部缢缩，翼瓣先端钝圆，龙骨瓣短于翼瓣，胚珠 2-8，具子房柄。荚果扁，长圆形。种子扁圆球形。花期 6-7 月；果期 8-9 月。

　　优良牧草、牲畜喜食；嫩时亦可为蔬菜；全草药用，有补虚、调肝、理气、止痛等功效。

长柔毛野豌豆 **Vicia villosa** Roth

一年生草本，攀缘或蔓生，植株被长柔毛。偶数羽状复叶；叶轴顶端卷须有 2-3 分支；托叶披针形或 2 深裂，呈半边箭头形；小叶通常 5-10 对，长圆形、披针形至线形，先端渐尖，具短尖头，基部楔形。总状花序腋生，花 10-20 着生于总花序轴上部；花冠紫色、淡紫色或紫蓝色，旗瓣长圆形，中部缢缩，先端微凹，翼瓣短于旗瓣，龙骨瓣短于翼瓣。荚果长圆状菱形，侧扁，先端具喙。种子 2-8，球形。花果期 4-10 月。

优良牧草及绿肥作物；种子可提取植物凝血素应用于免疫学、肿瘤生物学等。

豇豆属 **Vigna** Savi

贼小豆 **Vigna minima** (Roxb.) Ohwi et Ohashi

一年生缠绕草本。茎纤细。羽状复叶具 3 小叶；托叶披针形，盾状着生，被疏硬毛；小叶的形状和大小变化颇大。总状花序柔弱；总花梗远长于叶柄，通常有花 3-4；小苞片线形或线状披针形；花萼钟状，具不等大的齿 5，裂齿被硬缘毛，花冠黄色，旗瓣极外弯，近圆形，龙骨瓣具长而尖的耳。荚果圆柱形，开裂后旋卷。种子 4-8 长圆形，种脐线形，凸起。花果期 8-10 月。

41　胡颓子科 Elaeagnaceae ｜ 胡颓子属 Elaeagnus L.

牛奶子 Elaeagnus umbellate Thunb. 麦粒子

　　落叶直立灌木，高 1-4 米，常有枝刺。幼枝密被银白色和少数黄褐色鳞片。叶纸质或膜质，椭圆形至卵状椭圆形或倒卵状披针形，顶端钝形或渐尖，基部圆形至楔形，边缘全缘或皱卷至波状，叶面幼时具白色星状短柔毛或鳞片，成熟后全部或部分脱落，叶背密被银白色和散生少数褐色鳞片。花较叶先开放，黄白色，芳香，密被银白色盾形鳞片，1-7 花簇生新枝基部，单生或成对生于幼叶腋，萼筒圆筒状漏斗形，花丝长约为花药的一半，花柱直立，柱头侧生。果实几球形或卵圆形，成熟时红色。花期 4-5 月；果期 7-10 月。

　　果实可生食、制果酒、果酱等；叶作土农药可杀棉蚜虫；果实、根和叶亦可入药；亦是观赏植物。

42 千屈菜科 Lythraceae | 千屈菜属 Lythrum L.

千屈菜 **Lythrum salicaria** L.

多年生草本。茎直立，多分枝，高 30-100 厘米，全株青绿色，枝通常具 4 棱。叶对生或三叶轮生，披针形或阔披针形，长 4-10 厘米，宽 8-15 毫米，顶端钝形或短尖，基部圆形或心形，有时略抱茎，全缘；无柄。花组成小聚伞花序，簇生，因花梗及总梗极短，因此花枝形似一大型穗状花序；苞片阔披针形至三角状卵形；附属体针状，直立，长 1.5-2 毫米；花瓣 6，红紫色或淡紫色，倒披针状长椭圆形，基部楔形，着生于萼筒上部，有短爪，稍皱缩，雄蕊 12，6 长 6 短，伸出萼筒之外，子房 2 室，花柱长短不一。蒴果扁圆形。花果期 7-10 月。

供观赏。

43　瑞香科 Thymelaeaceae ｜ 瑞香属 Daphne L.

芫花 Daphne genkwa Sieb. et Zucc.

　　落叶灌木，高 0.3-1 米，多分枝。树皮褐色。叶对生，稀互生，纸质，卵形或卵状披针形至椭圆状长圆形，先端急尖或短渐尖，基部宽楔形或钝圆形，全缘。花先叶开放，紫色或淡紫蓝色，常 3-6 簇生于叶腋或侧生，花萼筒细瘦，裂片 4，外面疏生短柔毛，雄蕊 8，2 轮，分别着生于花萼筒的上部和中部，花丝短，花药黄色，卵状椭圆形，伸出喉部，花柱短或无，柱头头状，橘红色。果实肉质，白色，椭圆形，包藏于宿存的花萼筒的下部。花期 3-5 月；果期 6-7 月。

　　观赏植物；花蕾药用，为治水肿和祛痰药；全株可作农药；煮汁可杀虫，灭天牛虫效果良好；茎皮纤维柔韧，可作造纸和人造棉原料。

44　柳叶菜科 Onagraceae ｜ 露珠草属 Circaea L.

露珠草 Circaea cordata Royle 牛泷草

　　粗壮草本，高 20-150 厘米。被平伸的长柔毛、镰状外弯的曲柔毛和顶端头状或棒状的腺毛，毛被通常较密。叶狭卵形至宽卵形，基部常心形，有时阔楔形至阔圆形或截形，先端短渐尖，边缘具锯齿至近全缘。单总状花序顶生；萼片卵形至阔卵形白色或淡绿色，开花时反曲，花瓣白色，倒卵形至阔倒卵形，先端倒心形，凹缺深至花瓣长的 1/2-2/3；雄蕊伸展，蜜腺不明显，全部藏于花管之内。果实斜倒卵形至透镜形，2 室，具 2 种子，背面压扁，基部斜圆形或斜截形，密被钩状毛。花期 6-8 月；果期 7-9 月。

　　全草药用，有清热解毒、生肌的功效。

南方露珠草 **Circaea mollis** Sieb. & Zucc.

植株高 25-150 厘米，被镰状弯曲毛。叶狭披针形、阔披针形至狭卵形，基部楔形或稀圆形，先端狭渐尖至近渐尖，边缘近全缘至具锯齿。顶生总状花序常于基部分枝，稀为单总状花序；萼片淡绿色或带白色，开花时伸展，花瓣白色，阔倒卵形，先端下凹至花瓣长的 1/4-1/2，雄蕊开花时通常直伸，蜜腺明显，突出于花管之外。果狭梨形至阔梨形或球形，基部凹凸不平地、不对称地渐狭至果梗，被钩状毛，果 2 室，具 2 种子。花期 7-9 月；果期 8-10 月。

柳叶菜属 **Epilobium** L.

长籽柳叶菜 **Epilobium pyrricholophum** Franch. et Savat.

多年生草本。茎高 25-80 厘米。叶对生，花序上的互生，卵形至宽卵形，茎上部的有时披针形，先端锐尖或下部的近钝形，基部钝或圆形，有时近心形，边缘每边具锐锯齿 7-15。花序直立；萼片披针状长圆形，花瓣粉红色至紫红色，倒卵形至倒心形，花药卵状，花柱直立，柱头棍棒状或近头状。蒴果。种子狭倒卵状，顶端渐尖。花期 7-9 月；果期 8-11 月。

山桃草属 Gaura L.

小花山桃草 Gaura parviflora Dougl. ex Lehm.

二年生草本。全株茎上部、花序、叶、苞片、萼片密被伸展灰白色长毛与腺毛。茎直立，高50-100厘米。基生叶宽倒披针形，基部渐狭下延至柄；茎生叶狭椭圆形、长圆状卵形，先端渐尖或锐尖，基部楔形下延至柄。花序穗状；花管带红色，萼片绿色，线状披针形，花期反折，花瓣白色，以后变红色，倒卵形，花药黄色。蒴果坚果状，纺锤形。花期7-8月；果期8-9月。

月见草属 Oenothera L.

月见草 Oenothera biennis L.

直立二年生粗状草本。茎高50-200厘米，被曲柔毛与伸展长毛（毛的基部疱状），在茎枝上端常混生有腺毛。基生莲座叶丛紧贴地面，倒披针形，先端锐尖，基部楔形，边缘疏生不整齐的浅钝齿；茎生叶椭圆形至倒披针形，先端锐尖至短渐尖，基部楔形，两面被曲柔毛与长毛；茎上部叶背面与叶缘常混生有腺毛。花序穗状；萼片绿色，有时带红色，长圆状披针形，先端骤缩成尾状，开放时自基部反折，花瓣黄色，稀淡黄色，宽倒卵形，先端微凹缺，子房绿色，圆柱状，具4棱。蒴果锥状圆柱形，向上变狭，直立。花果期6-9月。

栽培供观赏；种子可榨油；对于溶血栓、降血脂、减肥及心律不齐有较好的疗效；根药用，有强筋骨、祛风湿的功效。

45　八角枫科 Alangiaceae ｜ 八角枫属 Alangium Lam.

八角枫 **Alangium chinense** (Lour.) Harms

落叶小乔木或灌木，高 3-5 米。小枝略呈"之"字形，幼枝紫绿色。叶纸质，近圆形或椭圆形、卵形，顶端短锐尖或钝尖，基部两侧常不对称，一侧微向下扩张，另一侧向上倾斜，阔楔形、截形，不分裂或 3-7 裂，裂片短锐尖或钝尖。聚伞花序腋生，有花 7-30；花瓣 6-8，基部黏合，上部开花后反卷，初为白色，后变黄色。核果卵圆形，幼时绿色，成熟后黑色，顶端有宿存的萼齿和花盘，种子 1 粒。花期 6-8 月；果期 8-11 月。

药用，根名白龙须，茎名白龙条，治风湿、跌打损伤、外伤止血等；树皮纤维可编绳索；木材可作家具及天花板。

罗艳　摄

46　山茱萸科 Cornaceae ｜ 灯台树属 Bothrocaryum (Koehne) Pojark.

灯台树 **Bothrocaryum controversum** (Hemsl.) Pojark.　　FOC 已修订为 **Cornus controversa** Hemsl.

落叶乔木，高 6-15 米。树皮光滑，暗灰色或带黄灰色。叶互生，纸质，阔卵形、阔椭圆状卵形或披针状椭圆形，先端突尖，基部圆形或急尖，全缘，叶面黄绿色，叶背灰绿色，密被淡白色平贴短柔毛；中脉在叶面微凹陷，叶背凸出，微带紫红色，侧脉 6-7 对，弓形内弯，在上面明显，下面凸出。伞房状聚伞花序，顶生；花白色，花瓣 4，长圆披针形，雄蕊 4，稍伸出花外，花丝线形，白色，花药椭圆形，淡黄色。核果球形，成熟时紫红色至蓝黑色；核骨质，球形，顶端有一个方形孔穴。花期 5-6 月；果期 7-8 月。

果实可以榨油，为木本油料植物；树冠形状美观，夏季花序明显，可以作为行道树种。

罗艳　摄

梾木属　**Swida** Opiz

红瑞木　**Swida alba** Opiz　FOC 已修订为 **Cornus alba** L.

灌木，高达 3 米。树皮紫红色。叶对生，纸质，椭圆形，稀卵圆形，长 5-8.5 厘米，宽 1.8-5.5 厘米，先端突尖，基部楔形或阔楔形，边缘全缘或波状反卷；中脉在叶面微凹陷，叶背凸起，侧脉 4-6 对，弓形内弯，在叶面微凹下，叶背凸出。伞房状聚伞花序顶生，较密；花序梗圆柱形；花小，白色或淡黄白色，花萼裂片 4，尖三角形，花瓣 4，卵状椭圆形，长 3-3.8 毫米，宽 1.1-1.8 毫米，先端急尖或短渐尖，雄蕊 4，花丝线形，花药淡黄色，2 室，卵状椭圆形，"丁"字形着生，子房下位。核果长圆形，成熟时乳白色或蓝白色，花柱宿存。花期 6-7 月；果期 8-10 月。

种子含油量约为 30%，可供工业用；常引种栽培作庭园观赏植物。昆嵛山栽培供观赏。

47　卫矛科　Celastraceae　｜　南蛇藤属　**Celastrus** L.

南蛇藤　**Celastrus orbiculatus** Thunb.

小枝光滑无毛，灰棕色或棕褐色。叶通常阔倒卵形，近圆形或长方椭圆形，先端圆阔，具有小尖头或短渐尖，基部阔楔形到近钝圆形，边缘具锯齿。聚伞花序腋生；花瓣倒卵椭圆形或长方形，花盘浅杯状，退化雌蕊不发达，雌花花冠较雄花窄小，花盘稍深厚，肉质，退化雄蕊极短小，柱头 3 深裂。蒴果近球状。种子椭圆状稍扁，假种皮鲜红色。花期 5-6 月；果期 7-10 月。

根、茎、叶、果药用，有活血行气的功效；并可制杀虫农药。

卫矛属 Euonymus L.

扶芳藤 Euonymus fortunei (Turcz.) Hand.-Mazz.

常绿藤本灌木，高 1 至数米。叶薄革质，椭圆形、长方椭圆形或长倒卵形，宽窄变异较大，先端钝或急尖，基部楔形，边缘齿浅不明显。聚伞花序三次至四次分枝；花白绿色，4 数，花盘方形，花丝细长，花药圆心形，子房三角锥状，四棱。蒴果粉红色，果皮光滑，近球状。种子长方椭圆状，棕褐色，假种皮鲜红色，全包种子。花期 6 月；果期 10 月。

优良的垂直绿化树种；茎、叶药用，有行气、舒筋散瘀之功效。

卫矛 Euonymus alatus (Thunb.) Sieb. 鬼箭羽

灌木，高 1-3 米。小枝常具 2-4 列宽阔木栓翅。叶卵状椭圆形、窄长椭圆形，偶为倒卵形，边缘具细锯齿。聚伞花序具花 1-3；花白绿色，4 数，萼片半圆形，花瓣近圆形，雄蕊着生花盘边缘处，花丝极短，花药宽阔长方形。蒴果 1-4 深裂，裂瓣椭圆状。种子椭圆状或阔椭圆状，种皮褐色或浅棕色，假种皮橙红色，全包种子。花期 5-6 月；果期 7-10 月。

带栓翅的枝条入中药，叫鬼箭羽。

白杜 **Euonymus maackii** Rupr.

小乔木，高达 6 米。叶卵状椭圆形、卵圆形或窄椭圆形，长 4-8 厘米，宽 2-5 厘米，先端长渐尖，基部阔楔形或近圆形，边缘具细锯齿；叶柄通常细长。聚伞花序 3 至多花；花序梗略扁；花 4 数，淡白绿色或黄绿色，雄蕊花药紫红色。蒴果倒圆心状，4 浅裂，成熟后果皮粉红色。种子长椭圆状，种皮棕黄色，假种皮橙红色，全包种子，成熟后顶端常有小口。花期 5-6 月；果期 9 月。

垂丝卫矛 **Euonymus oxyphyllus** Miq.

灌木，高 1-8 米。叶卵圆形或椭圆形，长 4-8 厘米，宽 2.5-5 厘米，先端渐尖至长渐尖，基部近圆形或平截圆形，边缘有细密锯齿，锯齿明显或浅而不显。聚伞花序宽疏，通常具花 7-20；花序梗细长，长 4-5 厘米，顶端分枝 3-5，每分枝具三出小聚伞 1；花淡绿色，5 数，花瓣近圆形，花盘圆，5 浅裂，雄蕊花丝极短，子房圆锥状，顶端渐窄成柱状花柱。蒴果近球状；果序梗细长下垂，长 5-6 厘米（包括小果梗）。

48 大戟科 Euphorbiaceae | 铁苋菜属 Acalypha L.

铁苋菜 Acalypha australis L. 血见愁

一年生草本，高 0.2-0.5 米，全株有短毛。叶膜质，长卵形、近菱状卵形或阔披针形，顶端短渐尖，基部楔形，稀圆钝，边缘具圆锯。雌雄花同序，花序腋生，稀顶生；雌花苞片 1-4，卵状心形，苞腋具雌花 1-3；雄花生于花序上部，排列呈穗状或头状，雄花苞片卵形，苞腋具雄花 5-7，簇生；雄花花萼裂片 4，雄蕊 7-8；雌花萼片 3，长卵形，花柱 3。蒴果具 3 个分果爿，果皮具小瘤体。种子近卵状。花果期 4-12 月。

可作野菜或家畜饲料；全草药用，有清热解毒、利水消肿、止痢止血的功效。

大戟属 Euphorbia L.

乳浆大戟 Euphorbia esula L.

多年生草本。茎单生或丛生，高 30-60 厘米。叶线形至卵形，变化极不稳定，先端尖或钝尖，基部楔形至平截；不育枝叶常为松针状；总苞叶 3-5，与茎生叶同形；伞幅 3-5。花序单生于二歧分枝的顶端；总苞钟状；腺体 4，新月形，雄花多枚，苞片宽线形，雌花 1，花柱 3，分离，柱头 2 裂。蒴果三棱状球形，具纵沟 3；花柱宿存；成熟时分裂为 3 个分果爿。种子卵球状，光滑。花果期 4-10 月。

种子含油量达 30%，工业用；全草入药，具拔毒止痒之效。

地锦 Euphorbia humifusa Willd. ex Schlecht

一年生草本。茎匍匐，被柔毛或疏柔毛。叶对生，矩圆形或椭圆形，先端钝圆，基部偏斜，边缘常于中部以上具细锯齿。花序单生于叶腋；总苞陀螺状，边缘4裂，裂片三角形，裂片间腺体4，矩圆形；雄花数枚，近与总苞边缘等长，雌花1，子房柄伸出至总苞边缘，花柱3，分离，柱头2裂。蒴果三棱状卵球形，成熟时分裂为3个分果爿，花柱宿存。种子三棱状卵球形。花果期5-10月。

全草入药，有清热解毒、利尿、通乳、止血及杀虫作用。

通奶草 Euphorbia hypericifolia L.

一年生草本。茎直立，自基部分枝或不分枝，高15-30厘米。叶对生，狭长圆形或倒卵形，长1-2.5厘米，宽4-8毫米，先端钝或圆，基部圆形，通常偏斜，不对称，边缘全缘或基部以上具细锯齿，两面被稀疏的柔毛；叶柄极短；托叶三角形；苞叶2，与茎生叶同形。花序数个簇生于叶腋或枝顶；总苞陀螺状；腺体4；雄花数枚，微伸出总苞外；雌花1，子房柄长于总苞；花柱3，分离。蒴果三棱状，成熟时分裂为3个分果爿。种子卵棱状。花果期8-10月。

全草入药，通奶，故名。

斑地锦 **Euphorbia maculata** L.

本种与地锦相似，其主要区别：全株有白色细柔毛，叶中部有一紫斑。

大戟 **Euphorbia pekinensis** Rupr.

多年生草本。根圆柱状。茎单生或自基部多分枝，高 40-80 厘米。叶互生，常椭圆形，少为披针形或披针状椭圆形，变异较大，先端尖或渐尖，基部渐狭或呈楔形或近圆形或近平截，全缘，主脉明显，侧脉不明显；伞幅 4-7；总花序下苞叶 4-7，长椭圆形，先端尖，基部近平截。花序单生于二歧分枝顶端；总苞杯状，边缘 4 裂，裂片半圆形，腺体 4，半圆形或肾状圆形；雄花多数，伸出总苞之外；雌花 1，具较长的子房柄；花柱 3，分离，柱头 2 裂。蒴果球状，被稀疏的瘤状突起，成熟时分裂为 3 个分果爿。种子长球状。花期 5-8 月；果期 6-9 月。

根入药，逐水通便、消肿散结，主治水肿，并有通经之效；亦可作兽药用；有毒，宜慎用。

白饭树属 **Fluereggea** Willd.

一叶萩 **Flueggea suffruticosa** (Pall.) Baill.

灌木，高 1-3 米。叶纸质，椭圆形或长椭圆形，稀倒卵形，顶端急尖至钝，基部钝至楔形。花小，雌雄异株，簇生于叶腋；雄花 3-18 簇生，萼片通常 5，雄蕊 5，花药卵圆形；雌花萼片 5，椭圆形至卵形，近全缘，花盘盘状，子房卵圆形，2-3 室，花柱 3。蒴果三棱状扁球形，成熟时淡红褐色，有网纹，3 片裂。花期 3-8 月；果期 6-11 月。

茎皮纤维坚韧，可供纺织原料；枝条可编制用具；根含鞣质，叶含一叶萩碱；花和叶供药用。

叶下珠属 **Phyllanthus** L.

蜜甘草 **Phyllanthus ussuriensis** Rupr. et Maxim.　　FOC 中文名为蜜柑草

一年生草本，高达 60 厘米。叶纸质，椭圆形至长圆形，顶端急尖至钝，基部近圆，下面白绿色；叶柄极短；托叶卵状披针形。雌雄同株，单生或数朵簇生于叶腋；雄花萼片 4，宽卵形，花盘腺体 4，分离，雄蕊 2；雌花萼片 6，长椭圆形，果时反折，花盘腺体 6，子房卵圆形，3 室，花柱 3，顶端 2 裂。蒴果扁球状。种子具有褐色疣点。花期 4-7 月；果期 7-10 月。

药用，全草有消食止泻作用。

地构叶属 Speranskia Baill.

地构叶 Speranskia tuberculata (Bge.) Baill. 珍珠透骨草

　　多年生草本。茎直立，高 25-50 厘米，被伏贴短柔毛。叶纸质，披针形或卵状披针形，顶端渐尖，稀急尖，基部阔楔形或圆形，边缘具疏离圆齿或有时深裂，齿端具腺体。总状花序上部有雄花 20-30，下部有雌花 6-10；雄花 2-4 生于苞腋，雄蕊 8-15；雌花 1-2 生于苞腋，花萼裂片卵状披针形，花瓣与雄花相似，花柱 3，各 2 深裂。蒴果扁球形，具瘤状突起。种子卵形，灰褐色。花果期 5-9 月。

　　全草药用，有活血止痛、通经的功效。

49 鼠李科 Rhamnaceae ｜ 枳椇属 Hovenia Thunb.

北枳椇 Hovenia dulcis Thunb.

　　乔木，高 10 余米。小枝褐色或黑紫色。叶纸质或厚膜质，卵圆形、宽矩圆形或椭圆状卵形，顶端短渐尖或渐尖，基部截形，少有心形或近圆形，边缘有不整齐的锯齿或粗锯齿，稀具浅锯齿。花黄绿色，直径 6-8 毫米，排成不对称的顶生，花瓣倒卵状匙形，子房球形，花柱 3 浅裂。浆果状核果近球形，成熟时黑色；花序轴结果时膨大、扭曲、肉质。种子深栗色或黑紫色。花期 5-7 月；果期 8-10 月。

　　肥大的果序轴含丰富的糖，可生食、酿酒、制醋和熬糖；木材细致坚硬，可供建筑和制精细用具。

猫乳属 Rhamnella Miq.

猫乳 Rhamnella franguloides (Maxim.) Weberb.

　　落叶灌木或小乔木，高 2-9 米。叶倒卵状矩圆形、倒卵状椭圆形、矩圆形、长椭圆形，顶端尾状渐尖、渐尖或骤然收缩成短渐尖，基部圆形，稀楔形，稍偏料，边缘具细锯齿，正面绿色，背面黄绿色。花黄绿色，两性，6-18 个排成腋生聚伞花序。核果圆柱形，成熟时红色或橘红色，干后变黑色或紫黑色。花期 5-7 月；果期 7-10 月。

　　根供药用，治疥疮；皮含绿色染料。

鼠李属 Rhamnus L.

圆叶鼠李 Rhamnus globosa Bge.

　　灌木，稀小乔木，高 2-4 米。小枝对生或近对生，顶端具针刺。叶纸质或薄纸质，对生或近对生，稀兼互生，或在短枝上簇生，近圆形、倒卵状圆形或卵圆形，稀圆状椭圆形，顶端突尖或短渐尖，稀圆钝，基部宽楔形或近圆形，边缘具圆齿状锯齿。花单性，雌雄异株，通常数个至 20 个簇生于短枝端或长枝下部叶腋，稀 2-3 个生于当年生枝下部叶腋，4 基数。核果球形或倒卵状球形，基部有宿存的萼筒，具 2（稀 3）分核，成熟时黑色。种子黑褐色，有光泽。花期 4-5 月；果期 6-9 月。

　　种子榨油供润滑油用；茎皮、果实及根可作绿色染料；果实烘干，捣碎和红糖水煎水服，可治肿毒。

朝鲜鼠李 *Rhamnus koraiensis* Schneid.

灌木，高达2米。枝互生，枝端具针刺。叶纸质或薄纸质，互生或在短枝上簇生，宽椭圆形、倒卵状椭圆形或卵形，顶端短渐尖或近圆形，基部宽楔形或近圆形，边缘有圆齿状锯齿。花单性，雌雄异株，4基数，有花瓣，黄绿色；雄花数个至10余个簇生于短枝端，或1-3个生于长枝下部叶腋；雌花数个至10余个簇生于短枝顶端或当年生枝下部，花柱2浅裂或半裂。核果倒卵状球形，紫黑色，具2（稀1）分核，基部有宿存的萼筒。种子暗褐色。花期4-5月；果期6-9月。

小叶鼠李 *Rhamnus parvifolia* Bge.

灌木，高1.5-2米。小枝对生或近对生，枝端及分叉处有针刺。叶纸质，对生或近对生，稀兼互生，或在短枝上簇生，菱状倒卵形或菱状椭圆形，稀倒卵状圆形或近圆形，长1.2-4厘米，宽0.8-3厘米，顶端钝尖或近圆形，稀突尖，基部楔形或近圆形，边缘具圆齿状细锯齿，上面深绿色，下面浅绿色。花单性，雌雄异株，黄绿色，4基数，有花瓣，通常数个簇生于短枝上。核果倒卵状球形，成熟时黑色，具2分核。种子矩圆状倒卵圆形，褐色。花期4-5月；果期6-9月。

枣属 **Ziziphus** Mill.

酸枣 *Ziziphus jujuba* Mill. var. **spinosa** (Bge.) Hu ex H. F. Chow

与原变种枣的主要区别：叶较小，核果小，近球形，中果皮薄，味酸，核两端钝。

酸枣的种子酸枣仁入药，有镇定安神之功效，主治神经衰弱、失眠等症；果实肉薄，但含有丰富的维生素C，生食或制作果酱；花芳香多蜜腺，为重要蜜源植物之一。

50　葡萄科 Vitaceae ｜ 蛇葡萄属 Ampelopsis Michaux.

葎叶蛇葡萄 Ampelopsis humulifolia Bge.

　　木质藤本。卷须 2 叉分枝，相隔 2 节间断与叶对生。单叶 3-5 浅裂或中裂，心状五角形或肾状五角形，顶端渐尖，基部心形，基缺顶端凹成圆形，边缘有粗锯齿，通常齿尖，叶面绿色，叶背粉绿色。多歧聚伞花序与叶对生；花瓣 5，卵椭圆形，雄蕊 5，花药卵圆形，子房下部与花盘合生。果实近球形，浅蓝色，有种子 2-4。种子倒卵圆形，顶端近圆形，基部有短喙。花期 5-7 月；果期 5-9 月。

　　根皮药用，有活血散瘀、消炎解毒的功效。

东北蛇葡萄 Ampelopsis heterophylla (Thunb.) Sieb. et Zucc. var. **brevipedunculata** (Regel) C. L. Li
FOC 已修订为 **Ampelopsis glandulosa** (Wall.) Momiy. var. **brevipedunculata** (Maxim.) Momiy.

　　木质藤本。卷须 2-3 叉分枝，相隔 2 节间断与叶对生。叶心形或卵形，3-5 中裂，常混生有不分裂者，顶端急尖，基部心形，边缘有急尖锯齿，叶面无毛，叶背脉上有疏柔毛，基出脉 5。叶柄、花序梗被疏柔毛。花萼碟形，边缘波状浅齿，外面疏生短柔毛，花瓣 5，卵椭圆形，雄蕊 5，花盘明显，边缘浅裂，子房下部与花盘合生。果实近球形，有种子 2-4 颗。种子长椭圆形，顶端近圆形，基部有短喙。花期 4-6 月；果期 7-10 月。

乌蔹莓属 Cayratia Juss.

乌蔹莓 Cayratia japonica (Thunb.) Gagnep.

　　草质藤本。小枝圆柱形，有纵棱纹。叶为鸟足状 5 小叶；中央小叶长椭圆形或椭圆披针形，顶端急尖或渐尖，基部楔形；侧生小叶椭圆形或长椭圆形，比中央小叶小，顶端急尖或圆形，基部楔形或近圆形。花序腋生，复二歧聚伞花序；花瓣 4，三角状卵圆形，雄蕊 4，花药卵圆形，长宽近相等，花盘发达，4 浅裂，子房下部与花盘合生。果实近球形，成熟时黑色，有种子 2-4。种子三角状倒卵形，顶端微凹，基部有短喙。花期 3-8 月；果期 8-11 月。

　　全草入药，有凉血解毒、利尿消肿之功效。

地锦属 Parthenocissus Planch.

异叶地锦 Parthenocissus dalzielii Gagnep. 异叶爬山虎

木质藤本。小枝圆柱形。卷须总状 5-8 分枝，相隔 2 节间断与叶对生，卷须顶端嫩时膨大呈圆珠形，后遇附着物扩大呈吸盘状。两型叶，着生在短枝上常为 3 小叶，较小的单叶常着生在长枝上；叶为单叶者叶片卵圆形，顶端急尖或渐尖，基部心形或微心形；3 小叶者，中央小叶长椭圆形，顶端渐尖，基部楔形，侧生小叶卵椭圆形，顶端渐尖，基部极不对称。花序假顶生于短枝顶端，形成多歧聚伞花序；花瓣 4，倒卵椭圆形，雄蕊 5，花药黄色，花盘不明显。果实近球形，成熟时紫黑色，有种子 1-4。种子倒卵形。花期 5-7 月；果期 7-11 月。

五叶地锦 Parthenocissus quinquefolia (L.) Planch.

木质藤本。卷须总状 5-9 分枝，相隔 2 节间断与叶对生，卷须顶端嫩时尖细卷曲，后遇附着物扩大成吸盘。叶为掌状 5 小叶，小叶倒卵圆形、倒卵椭圆形或外侧小叶椭圆形，边缘有粗锯齿。花序假顶生形成主轴明显的圆锥状多歧聚伞花序；花瓣 5，长椭圆形，雄蕊 5，花药长椭圆形。果实球形，有种子 1-4。种子倒卵形，顶端圆形。花期 6-7 月；果期 8-10 月。

优良的城市垂直绿化植物树种。原产北美。

地锦 **Parthenocissus tricuspidata** (Sieb. et Zucc.) Planch. 爬山虎

木质藤本。卷须 5-9 分枝，相隔 2 节间断与叶对生，卷须顶端嫩时膨大呈圆珠形，后遇附着物扩大成吸盘。叶通常着生在短枝上为 3 浅裂，时有着生在长枝上者小型不裂，叶片通常倒卵圆形，顶端裂片急尖，基部心形，边缘有粗锯齿。多歧聚伞花序；花瓣 5，长椭圆形，雄蕊 5，花药长椭圆卵形。果实球形，有种子 1-3。种子倒卵圆形，顶端圆形，基部急尖成短喙。花期 5-8 月；果期 9-10 月。

著名的垂直绿化植物，枝叶茂密，分枝多而斜展；根入药，能祛瘀消肿。

葡萄属 **Vitis** L.

山葡萄 **Vitis amurensis** Rupr.

木质藤本。嫩枝疏被蛛丝状绒毛。卷须 2-3 分枝，每隔 2 节间断与叶对生。叶阔卵圆形，3（稀 5）浅裂或中裂，或不分裂，叶片或中裂片顶端急尖或渐尖，裂片基部常缢缩或间有宽阔，裂缺凹成圆形，稀呈锐角或钝角，叶基部心形，基缺凹成圆形或钝角，边缘每侧有粗锯齿 28-36，齿端急尖，微不整齐。圆锥花序疏散，与叶对生；花瓣 5，呈帽状黏合脱落，雄蕊 5，花药黄色，花盘发达，5 裂，雌蕊 1。果实直径 1-1.5 厘米。种子倒卵圆形，顶端微凹，基部有短喙。花期 5-6 月；果期 7-9 月。

果可食及酿酒；酒糟制醋和染料；叶及酿酒后的沉淀物可提取酒石酸。

葛藟葡萄 Vitis flexuosa Thunb.

木质藤本。卷须2叉分枝，每隔2节间断与叶对生。叶卵形、三角状卵形、卵圆形或卵椭圆形，顶端急尖或渐尖，基部浅心形或近截形，心形者基缺顶端凹成钝角，边缘每侧有微不整齐锯齿。圆锥花序疏散，与叶对生；花瓣5，呈帽状黏合脱落，雄蕊5，在雌花内短小，败育，花盘发达，5裂，雌蕊1，在雄花中退化。果实球形。种子倒卵椭圆形。花期3-5月；果期7-11月。

根、茎和果实供药用，可治关节酸痛；种子可榨油。

毛葡萄 Vitis heyneana Roem. et Schult.

木质藤本。小枝被灰色或褐色蛛丝状绒毛。卷须2叉分枝，密被绒毛，每隔2节间断与叶对生。叶卵圆形、长卵椭圆形或卵状五角形，顶端急尖或渐尖，基部心形或微心形，基缺顶端凹成钝角，叶面绿色，初时疏被蛛丝状绒毛，以后脱落无毛，叶背密被灰色或褐色绒毛。花杂性异株；圆锥花序疏散，与叶对生；花瓣5，呈帽状黏合脱落，雄蕊5，在雌花内雄蕊显著短，败育，花盘发达，5裂。果实圆球形，成熟时紫黑色。花期4-6月；果期6-10月。

果味甜可食及酿酒；根皮药用，有调经活血、补虚止带的功效。

51 **远志科** Polygalaceae | **远志属** **Polygala** L.

远志 **Polygala tenuifolia** Willd.

多年生草本，高 15-50 厘米。主根粗壮。单叶互生，叶纸质，线形至线状披针形，全缘，反卷。总状花序，细弱，少花，稀疏；萼片 5，宿存，外面 3 枚线状披针形，急尖，里面 2 枚花瓣状，倒卵形或长圆形，先端圆形，花瓣 3，紫色，侧瓣斜长圆形，基部与龙骨瓣合生，龙骨瓣较侧瓣长，具流苏状附属物，雄蕊 8，花丝 3/4 以下合生成鞘，3/4 以上两侧各 3 枚合生。蒴果圆形。种子卵形，黑色阜。花果期 5-9 月。

根药用，有益智安神、散郁化痰的功效。

52 **槭树科** Aceraceae | **槭属** **Acer** L.   FOC 中文名为枫属

茶条槭 **Acer ginnala** Maxim.   FOC 已修订为茶条枫 **Acer tataricum** L. subsp. **ginnala** (Maxim.) Wesmael

落叶灌木或小乔木，高 5-6 米。小枝皮孔椭圆形或近圆形，淡白色。叶纸质，基部圆形，截形或略近心形，叶片长圆卵形或长椭圆形，常较深的 3-5 裂，中央裂片锐尖或狭长锐尖，侧裂片通常钝尖，各裂片的边缘均具不整齐的钝尖锯齿。伞房花序具多数花；花杂性，雄花与两性花同株；萼片 5，卵形，花瓣 5，长圆卵形白色，雄蕊 8，与花瓣近等长，花盘位于雄蕊外侧。果实黄绿色或黄褐色，脉纹显著，翅中段较宽或两侧近于平行，张开成锐角。花期 5 月；果期 10 月。

色木槭 Acer mono Maxim.   FOC 已修订为五角枫 Acer pictum Thunb. subsp. mono (Maxim.) Ohashi

落叶乔木，高 15-20 米。叶纸质，基部截形或近于心脏形，常 5 裂，有时 3 裂及 7 裂的叶生于同一树上，裂片全缘，裂片间的凹缺常锐尖，深达叶片的中段。花多数，杂性，雄花与两性花同株，顶生圆锥状伞房花序；萼片 5，黄绿色，长圆形，顶端钝，花瓣 5，淡白色，椭圆形或椭圆倒卵形，雄蕊 8，子房在雄花中不发育，柱头 2 裂，反卷。翅果淡黄色，张开成钝角。花期 5 月；果期 9 月。

树皮纤维良好，可作人造棉及造纸的原料；叶含鞣质，种子榨油；可供工业方面的用途，也可作食用；木材细密，可供建筑、车辆、乐器和胶合板等制造之用。

梣叶槭 Acer negundo L. 复叶槭   FOC 中文名为复叶枫

落叶乔木，高达 20 米。树皮黄褐色或灰褐色。羽状复叶，有小叶 3-7；小叶纸质，卵形或椭圆状披针形，先端渐尖，边缘常有粗锯齿 3-5。雄花的花序聚伞状，雌花的花序总状，均由无叶的小枝旁边生出，常下垂；花小，黄绿色，开于叶前；雌雄异株，无花瓣及花盘；雄蕊 4-6，花丝很长。小坚果凸起，近于长圆形或长圆卵形；翅宽 8-10 毫米，稍向内弯，张开成锐角或近于直角。花期 4-5 月；果期 9 月。

早春开花，花蜜丰富，是很好的蜜源植物；可作行道树或庭园树，用以绿化城市或厂矿。原产北美，昆嵛山引种。

元宝槭 **Acer truncatum** Bge.　　FOC 中文名为元宝枫

落叶乔木，高 8-10 米。树皮灰褐色或深褐色，深纵裂。叶纸质，常 5（稀 7）裂，基部截形稀近于心脏形，裂片三角卵形或披针形，先端锐尖或尾状锐尖。花杂性，雄花与两性花同株，常成伞房花序；花黄绿色，萼片 5，黄绿色，长圆形，花瓣 5，淡黄色或淡白色，长圆倒卵形，雄蕊 8，柱头反卷，微弯曲。翅果成下垂的伞房果序；翅长圆形，两侧平行，张开成锐角。花期 4 月；果期 8 月。

很好的庭园树和行道树；种子含油丰富，可作工业原料；木材细密可制造各种特殊用具，并可作建筑材料。

53　漆树科 Anacardiaceae｜黄连木属 Pistacia L.

黄连木 **Pistacia chinensis** Bge.

落叶乔木，高 20 余米。树干扭曲．树皮暗褐色。羽状复叶，有小叶 5-6 对；小叶对生或近对生，纸质，披针形或卵状披针形或线状披针形，基部偏斜，全缘。花单性异株，先花后叶；圆锥花序腋生；雄花序排列紧密，长 6-7 厘米；雄花：花被片 2-4，大小不等，边缘具睫毛，雄蕊 3-5；雌花序排列疏松，长 15-20 厘米；雌花：花被片 7-9，大小不等，外面 2-4 片远较狭，边缘具睫毛，里面 5 片卵形或长圆形，边缘具睫毛，子房球形，花柱极短，柱头 3，肉质，红色。核果倒卵状球形，略压扁，成熟时紫红色。花期 4-5 月；果期 9-10 月。

木材鲜黄色，可提黄色染料；材质坚硬致密，可供家具和细工用材；种子榨油可作润滑油或制皂；幼叶可充蔬菜，并可代茶。

罗艳 摄

盐肤木属 Rhus L.

盐肤木 Rhus chinensis Mill.　FOC 中文名为盐麸木

　　落叶小乔木或灌木，高 2-8 米。羽状复叶有小叶 3-6 对；叶轴具宽的叶状翅，小叶自下而上逐渐增大；小叶多形，卵形或椭圆状卵形或长圆形，先端急尖，基部圆形，顶生小叶基部楔形，边缘具粗锯齿或圆齿，叶面暗绿色，叶背粉绿色，被白粉。圆锥花序宽大，雄花序长 30-40 厘米，雌花序较短；花白色；雄花：花瓣倒卵状长圆形，开花时外卷；雌花：花瓣椭圆状卵形，子房卵形，花柱 3，柱头头状。核果球形，略压扁，成熟时红色。花期 8-9 月；果期 10 月。

　　在幼枝和叶上寄生的"五倍子"即虫瘿，可供鞣革、医药、塑料和墨水等工业上用；幼枝和叶可作土农药；种子可榨油；根、叶、花及果均可供药用；可作观赏树种。

54 苦木科 Simaroubaceae｜臭椿属 Ailanthus Desf.

臭椿 Ailanthus altissima (Mill.) Swingle

　　落叶乔木，高 20 余米。树皮平滑而有直纹。叶为奇数羽状复叶；小叶对生或近对生，纸质，卵状披针形，先端长渐尖，基部偏斜，截形或稍圆，两侧各具粗锯齿 1-2，齿背有腺体 1，柔碎后具臭味。圆锥花序；花淡绿色，萼片 5，覆瓦状排列，花瓣 5，雄蕊 10，花丝基部密被硬粗毛，雄花中的花丝长于花瓣，雌花中的花丝短于花瓣，心皮 5，花柱黏合，柱头 5 裂。翅果长椭圆形。种子位于翅的中间，扁圆形。花期 4-5 月；果期 8-10 月。

　　在石灰岩地区生长良好，可作石灰岩地区的造林树种，也可作园林风景树和行道树；叶可饲椿蚕（天蚕）；树皮、根皮、果实均可入药，有清热利湿、收敛止痢等效。

苦树属 Picrasma Bl.　　　FOC 中文名为苦木属

苦树 **Picrasma quassioides** (D. Don.) Benn. 苦木

落叶乔木，高 10 余米，全株有苦味。树皮紫褐色，平滑。奇数羽状复叶；小叶卵状披针形或广卵形，边缘具不整齐的粗锯齿，先端渐尖，基部楔形，除顶生叶外，其余小叶基部均不对称。雌雄异株，组成腋生复聚伞花序；花瓣与萼片同数，卵形或阔卵形；雄花的雄蕊长为花瓣的 2 倍，与萼片对生，雌花的雄蕊短于花瓣；花盘 4-5 裂，心皮 2-5，分离，每心皮有胚珠 1。核果成熟后蓝绿色，种皮薄，萼宿存。花期 4-5 月；果期 6-9 月。

树皮药用，有泻热、驱蛔、治疥癣的功效；可作土农药；木材可做家具。

55　棟科 Meliaceae　｜　香椿属 Toona (Endl.) M. Roem.

香椿 **Toona sinensis** (A. Juss.) Roem.

乔木。树皮粗糙，深褐色，片状脱落。偶数羽状复叶；小叶纸质，卵状披针形或卵状长椭圆形，长 9-15 厘米，宽 2.5-4 厘米，先端尾尖，基部一侧圆形，另一侧楔形，不对称，边全缘或有疏离的小锯齿。圆锥花序；花萼 5 齿裂或浅波状，花瓣 5，白色，长圆形，先端钝，雄蕊 10，其中 5 枚能育，5 枚退化，子房圆锥形，每室有胚珠 8。蒴果狭椭圆形，果瓣薄。种子上端有膜质的长翅，下端无翅。花期 6-8 月；果期 10-12 月。

幼芽嫩叶芳香可口，供蔬食；木材为家具、室内装饰品及造船的优良木材；根皮及果入药，有收敛止血、祛湿止痛之功效。

56 芸香科 Rutaceae | 白鲜属 Dictamnus L.

白鲜 Dictamnus dasycarpus Turcz.

多年生宿根草本，高 40-100 厘米。茎直立，幼嫩部分密被长毛及水泡状凸起的油点。奇数羽状复叶；小叶对生，无柄，位于顶端的一片则具长柄，椭圆至长圆形，叶缘有细锯齿。花瓣白色带淡紫红色或粉红带深紫红色脉纹，雄蕊伸出于花瓣外，萼片及花瓣均密生透明油点。成熟的蓇葖果沿腹缝线开裂为 5 个分果瓣，每分果瓣又深裂为 2 小瓣，瓣的顶角短尖，内果皮蜡黄色，有光泽，每分果瓣有种子 2-3 粒。种子阔卵形或近圆球形。花期 5 月；果期 8-9 月。

根皮制干后称为白鲜皮，是中药，味苦、性寒，祛风除湿、清热解毒、杀虫、止痒；治风湿性关节炎、外伤出血、荨麻疹等。

花椒属 Zanthoxylum L.

花椒 Zanthoxylum bungeanum Maxim.

落叶小乔木，高 3-7 米。小枝上的刺呈基部宽而扁且劲直的长三角形。叶有小叶 5-13；叶轴常有甚狭窄的叶翼；小叶卵形，椭圆形，稀披针形，位于叶轴顶部的较大，近基部的有时圆形，叶缘有细裂齿，齿缝有油点。花序顶生或生于侧枝之顶；花被片 6-8，黄绿色，形状及大小大致相同，雄花的雄蕊 5-8，雌花很少有发育雄蕊，心皮 2-4。果紫红色，单个分果瓣径 4-5 毫米，散生微凸起的油点。花期 4-5 月；果期 8-10 月。

花椒用作中药，有温中行气、逐寒、止痛、杀虫等功效，治胃腹冷痛、呕吐、泄泻、血吸虫、蛔虫等症；又作表皮麻醉剂。

青花椒　**Zanthoxylum schinifolium** Sieb. et Zucc. 香椒子

灌木，高 1-2 米。茎枝有短刺，刺基部两侧压扁状。奇数羽状复叶；小叶纸质，宽卵形至披针形，或阔卵状菱形，顶部短至渐尖，基部圆或宽楔形。花序顶生；萼片及花瓣均 5，花瓣淡黄白色，雄花退化雌蕊甚短，雌花心皮 3（稀 4 或 5）。分果瓣红褐色，干后变暗苍绿或褐黑色，顶端几无芒尖，油点小。花期 7-9 月；果期 9-12 月。

果可作花椒代品，名为青椒；根、叶及果均入药，味辛、性温，有发汗、散寒、止咳、除胀、消食功效。

野花椒　**Zanthoxylum simulans** Hance

灌木或小乔木。枝干散生基部宽而扁的锐刺。叶有小叶 5-15 片；叶轴有狭窄的叶质边缘，腹面呈沟状凹陷；小叶对生，卵形，卵状椭圆形或披针形，两侧略不对称，油点多，叶面常有刚毛状细刺，叶缘有疏离而浅的钝裂齿。花序顶生；花被片 5-8，淡黄绿色，雄花花丝及半圆形凸起的退化雌蕊均淡绿色，雌花花被片为狭长披针形，心皮 2-3。果红褐色。花期 3-5 月；果期 7-9 月。

果作草药，味辛辣，麻舌；温中除湿，祛风逐寒；有止痛、健胃、抗菌，驱蛔虫功效。

57 蒺藜科 Zygophyllaceae | 蒺藜属 Tribulus L.

蒺藜 Tribulus terrestris L.

一年生草本。茎平卧，无毛，被长柔毛或长硬毛。偶数羽状复叶；小叶对生，3-8对，矩圆形或斜短圆形，先端锐尖或钝，基部稍偏科，被柔毛，全缘。花腋生，花黄色，萼片5，宿存，花瓣5，雄蕊10，生于花盘基部，基部有鳞片状腺体，子房5棱，柱头5裂，每室3-4胚珠。果有分果瓣5，硬，中部边缘有锐刺2，下部常有小锐刺2，其余部位常有小瘤体。花期5-8月；果期6-9月。

青鲜时可做饲料；果入药能平肝明目、散风行血；果刺易黏附家畜毛间，有损皮毛质量，为草场有害植物。

58 酢浆草科 Oxalidaceae | 酢浆草属 Oxalis L.

酢浆草 Oxalis corniculata L.

多年生草本，高10-35厘米。全株被柔毛。三出掌状复叶；小叶无柄，倒心形，先端凹入，基部宽楔形，边缘具贴伏缘毛。花单生或数朵集为伞形花序状，腋生；萼片5，披针形或长圆状披针形，背面和边缘被柔毛，宿存，花瓣5，黄色，长圆状倒卵形，雄蕊10，子房长圆形，5室，被短伏毛，花柱5，柱头头状。蒴果长圆柱形。种子长卵形，褐色或红棕色。花果期2-9月。

全草入药，能解热利尿、消肿散淤；茎叶含草酸，可用以磨镜或擦铜器，使其具光泽。

59　牻牛儿苗科 Geraniaceae｜牻牛儿苗属 Erodium L'Hér.

牻牛儿苗 Erodium stephanianum Willd.

　　多年生草本，高 15-50 厘米。茎仰卧或蔓生，被柔毛。叶对生；托叶三角状披针形，边缘具缘毛；基生叶和茎下部叶具长柄，被开展的长柔毛和倒向短柔毛；叶片轮廓卵形或三角状卵形，基部心形，二回羽状深裂。伞形花序腋生，明显长于叶，花序梗被开展长柔毛和倒向短柔毛，每梗具花2-5；花瓣紫红色，倒卵形，等于或稍长于萼片，先端圆形或微凹。蒴果长约 4 厘米，密被短糙毛。种子褐色，具斑点。花期 6-8 月；果期 8-9 月。

　　全草供药用，有祛风除湿和清热解毒之功效。

老鹳草属 Geranium L.

野老鹳草 Geranium carolinianum L.

　　一年生草本，高 20-60 厘米。茎直立或仰卧。茎生叶互生或最上部对生；托叶披针形或三角状披针形；茎下部叶具长柄，上部叶柄渐短；叶圆肾形，基部心形，掌状 5-7 裂近基部，裂片楔状倒卵形或菱形，下部楔形、全缘，上部羽状深裂。花序腋生和顶生，长于叶，被倒生短柔毛和开展的长腺毛；每花序梗具花 2，顶生花序梗常数个集生，花序呈伞形状；花瓣淡紫红色，倒卵形，稍长于萼，先端圆形，基部宽楔形。蒴果长约 2 厘米，被短糙毛，果瓣由喙上部先裂向下卷曲。花期 4-7 月；果期 5-9 月。

　　全草入药，有祛风收敛和止泻之效。原产美洲，我国为逸生。

朝鲜老鹳草 Geranium koreanum Kom.

多年生草本，高 30-50 厘米。茎直立，具棱槽，中部以上假二叉状分枝。基生叶和茎下部叶具长柄，被倒向糙毛；叶五角状肾圆形，3-5 深裂，裂片宽楔形，下部全缘，上部齿状浅裂，齿端急尖。花序腋生或顶生，二歧聚伞状，具花 2；花瓣淡紫色，倒圆卵形，长为萼片的 1.5-2 倍，先端圆形，基部楔形，被白色糙毛。蒴果长约 2 厘米，被短糙毛。花期 7-8 月；果期 8-9 月。

鼠掌老鹳草 Geranium sibiricum L.

一年生或多年生草本，高 30-70 厘米。叶对生；基生叶和茎下部叶具长柄；下部叶肾状五角形，基部宽心形，掌状 5 深裂，裂片倒卵形、菱形或长椭圆形，中部以上齿状羽裂或齿状深缺刻，下部楔形；上部叶具短柄，3-5 裂。花瓣倒卵形，淡紫色或白色，等于或稍长于萼片，先端微凹或缺刻状，基部具短爪，花柱不明显。蒴果，果梗下垂。种子肾状椭圆形，黑色。花期 6-7 月；果期 8-9 月。

全草药用，有祛风湿、活血通经、清热止血的功效。

60 凤仙花科 Balsaminaceae | 凤仙花属 Impatiens L.

水金凤 Impatiens noli-tangere L.

一年生草本，高 40-70 厘米。茎较粗壮，肉质，直立。叶卵形或卵状椭圆形，先端钝，稀急尖，基部圆钝或宽楔形，边缘有粗圆齿，齿端具小尖。总状花序；花黄色；旗瓣圆形或近圆形，先端微凹，背面中肋具绿色鸡冠状突起，顶端具短喙尖；翼瓣无柄，2 裂，下部裂片小，长圆形，上部裂片宽斧形，近基部散生橙红色斑点；唇瓣宽漏斗状，喉部散生橙红色斑点，基部渐狭成长 10-15 毫米内弯的距；雄蕊 5。蒴果线状圆柱形。种子长圆球形，褐色，光滑。花期 7-9 月。

全草药用，有理气活血、舒筋活络的功效。

罗艳 摄

61 五加科 Araliaceae | 楤木属 Aralia L.

辽东楤木 Aralia elata (Miq.) Seem.

灌木或小乔木，高 1.5-6 米。小枝疏生细刺；嫩枝上常有长达 1.5 厘米的细长直刺。叶为二至三回羽状复叶；羽片有小叶 7-11；小叶片薄纸质或膜质，阔卵形、卵形至椭圆状卵形，先端渐尖，基部圆形至心形，边缘疏生锯齿，有时为粗大齿牙或细锯齿。圆锥花序长 30-45 厘米，伞房状；主轴短，长 2-5 厘米，分枝在主轴顶端指状排列；花黄白色；花瓣 5，卵状三角形，开花时反曲；花柱 5。果实球形，黑色。花期 6-8 月；果期 9-10 月。

根皮药用，有消炎、活血、散瘀、健胃、利尿之效；嫩叶可食用。

刺楸属 **Kalopanax** Miq.

刺楸 **Kalopanax septemlobus** (Thunb.) Koidz.

　　落叶乔木，最高可达 30 米。树皮暗灰棕色。小枝散生粗刺，刺基部宽阔扁平。叶纸质，在长枝上互生，在短枝上簇生，圆形或近圆形，掌状 5-7 浅裂，裂片阔三角状卵形至长圆状卵形，基部心形，边缘有细锯齿。圆锥花序；花白色或淡绿黄色，花瓣 5，三角状卵形，雄蕊 5，子房 2 室，柱头离生。果实球形蓝黑色。花期 7-10 月；果期 9-12 月。

　　木材纹理美观，有光泽，易施工，供建筑、家具、车辆、乐器、雕刻、箱筐等用材；根皮为民间草药，有清热祛痰、收敛镇痛之效；嫩叶可食；树皮及叶含鞣酸，可提制栲胶；种子可榨油，供工业用。

62 伞形科 Apiaceae ｜ 当归属 **Angelica** L.

拐芹 **Angelica polymorpha** Maxim.

　　多年生草本，高 0.5-1.5 米。茎单一，细长，中空。叶二回至三回三出式羽状分裂；茎上部叶简化为无叶或带有小叶、略膨大的叶鞘，叶鞘薄膜质，常带紫色；第一回和第二回裂片有长叶柄；末回裂片有短柄或近无柄、卵形或菱状长圆形、纸质，3 裂，两侧裂片又多为不等的 2 深裂，基部截形至心形，边缘有粗锯齿、大小不等的重锯齿或缺刻状深裂。复伞形花序；伞辐 11-20，上举；花瓣匙形至倒卵形，白色，顶端内曲。果实长圆形至近长方形，基部凹入，背棱短翅状，侧棱膨大成膜质的翅。花期 8-9 月；果期 9-10 月。

柴胡属 Bupleurum L.

红柴胡 **Bupleurum scorzonerifolium** Willd.

多年生草本,高 30-60 厘米。主根发达,圆锥形,深红棕色。茎上部有多回分枝,略呈"之"字形弯曲,并成圆锥状。叶细线形,基生叶下部略收缩成叶柄,其他均无柄,顶端长渐尖,基部稍变窄抱茎,质厚,稍硬挺。伞形花序自叶腋间抽出,花序多,形成较疏松的圆锥花序;小伞形花序有花6-15;花瓣黄色,舌片几与花瓣的对半等长,顶端 2 浅裂。果广椭圆形,深褐色,棱浅褐色。花期7-8 月;果期 8-9 月。

根茎药用,有解表和里、疏肝解郁的功效。

山茴香属 Carlesia Dunn

山茴香 **Carlesia sinensis** Dunn

矮小草本,高 10-30 厘米。基生叶基部有鞘,叶通常三回羽状全裂,第一回的裂片具短柄,末回裂片线形,先端尖,全缘,边缘略内卷;中部的茎生叶有短柄,叶二回至三回羽状全裂,裂片线形;最上部的茎生叶细小,3 深裂。复伞形花序顶生或腋生;伞辐 7-20;小总苞片钻形至线形;花白色,花瓣倒卵形,下部渐窄,先端微缺,有内折的小舌片,花丝长于花瓣,花药卵圆形。果实长倒卵形至长椭圆状卵形,每棱槽内具油管 3。花果期 7-9 月。

可作辛香料用。

蛇床属 Cnidium Cuss.

蛇床 Cnidium monnieri (L.) Cuss.

一年生草本，高 10-60 厘米。根圆锥状，较细长。茎中空，表面具深条棱，粗糙。下部叶具短柄，叶鞘短宽，边缘膜质，上部叶柄全部鞘状；叶轮廓卵形至三角状卵形，二回至三回三出羽状全裂，羽片轮廓卵形至卵状披针形，末回裂片线形至线状披针形。复伞形花序；总苞片 6-10，线形至线状披针形；伞辐 8-20，不等长；小伞形花序具花 15-20；花瓣白色，先端具内折小舌片，花柱向下反曲。分生果长圆状横剖面近五角形，主棱 5，均扩大成翅。花期 4-7 月；果期 6-10 月。

果实"蛇床子"入药，有燥湿、杀虫止痒、壮阳之效，治皮肤湿疹、阴道滴虫、肾虚阳痿等症。

胡萝卜属 Daucus L.

野胡萝卜 Daucus carota L.

二年生草本，高 15-120 厘米。茎单生，全体有白色粗硬毛。基生叶薄膜质，长圆形，二回至三回羽状全裂，末回裂片线形或披针形；茎生叶近无柄，有叶鞘，末回裂片小或细长。复伞形花序；伞辐多数，结果时外缘的伞辐向内弯曲；花通常白色，有时带淡红色。果实圆卵形，棱上有白色刺毛。花期 5-7 月。

果实入药，有驱虫作用；又可提取芳香油。

藁本属 Ligusticum L.

辽藁本 **Ligusticum jeholense** (Nakai et Kitag.) Nakai et Kitag.

多年生草本，高 30-80 厘米。茎直立，中空。叶具柄；叶轮廓宽卵形，二回至三回三出羽状全裂，羽片 4-5 对，轮廓卵形。复伞形花序顶生或侧生；总苞片 2，线形；伞辐 8-10；小总苞片 8-10，钻形；小伞形花序具花 15-20；花瓣白色，长圆状倒卵形，具内折小舌片，花柱基隆起，半球形，花柱长，果期向下反曲。分生果背腹扁压，椭圆形，背棱突起，侧棱具狭翅。花期 8 月；果期 9-10 月。

根及根茎供药用，散风寒燥湿，治风寒头痛、寒湿腹痛、泄泻，外用治疥癣、神经性皮炎等皮肤病。

前胡属 Peucedanum L.

泰山前胡 Peucedanum wawrae (H. Wolff) Su ex M. L. Sheh

多年生草本，高 30-100 厘米。茎有细纵条纹，上部分枝呈叉式展开。基生叶具柄，基部有叶鞘，边缘白色膜质抱茎；二回至三回三出分裂，最下部的第一回羽片具长柄，上部者近无柄或无柄，末回裂片楔状倒卵形，基部楔形或近圆形，边缘具尖锐锯齿，锯齿顶端有小尖头。茎上部叶近于无柄，但有叶鞘。复伞形花序分枝很多，伞辐 6-8，不等长；小伞形花序有花 10 余；花瓣白色。分生果卵圆形至长圆形，背部扁压。花期 8-10 月；果期 9-11 月。

根供药用，有镇咳祛痰的功效。

防风属 Saposhnikovia Schischk.

防风 Saposhnikovia divaricata (Trucz.) Schischk.

多年生草本，高 30-80 厘米。根粗壮。茎基生叶丛生，有扁长的叶柄，基部有宽叶鞘；叶卵形或长圆形，二回或近于三回羽状分裂，第一回裂片卵形或长圆形，有柄，第二回裂片下部具短柄，末回裂片狭楔形。顶生叶简化，有宽叶鞘。复伞形花序多数；伞辐 5-7；小伞形花序有花 4-10；花瓣倒卵形，白色，先端微凹，具内折小舌片。双悬果狭圆形或椭圆形。花期 8-9 月；果期 9-10 月。

根供药用，有发汗、祛痰、驱风、发表、镇痛的功效，用于治感冒、头痛、周身关节痛、神经痛等症。

窃衣属 Torilis Adans.

小窃衣 Torilis japonica (Houtt.) DC.

一年或多年生草本，高 20-120 厘米。茎有纵条纹及刺毛。叶柄下部有窄膜质的叶鞘；叶长卵形，一回至二回羽状分裂，两面疏生紧贴的粗毛，第一回羽片卵状披针形，先端渐窄，边缘羽状深裂至全缘，末回裂片披针形以至长圆形，边缘有条裂状的粗齿至缺刻或分裂。复伞形花序顶生或腋生，有倒生的刺毛；小伞形花序有花 4-12；花瓣白色、紫红或蓝紫色，倒圆卵形，顶端内折。果实圆卵形，通常有内弯或呈钩状的皮刺。花果期 4-10 月。

果和根供药用；果含精油、能驱蛔虫，外用为消炎药。

| **63** | 萝摩科 Asclepiadaceae | 鹅绒藤属 Cynanchum L. |

白薇 Cynanchum atratum Bge.

直立多年生草本，高达 50 厘米。叶卵形或卵状长圆形，顶端渐尖或急尖，基部圆形，两面均被有白色绒毛，特别以叶背及脉上为密。伞形状聚伞花序，生在茎的四周，着花 8-10，无花序梗；花深紫色，花萼外面有绒毛，内面基部有小腺体 5，花冠辐状，副花冠 5 裂，与合蕊柱等长，花药顶端具圆形的膜片 1，每室具花粉块 1，下垂，长圆状膨胀，柱头扁平。蓇葖单生，向端部渐尖，基部钝形，中间膨大。种子扁平；种毛白色，长约 3 厘米。花期 4-8 月；果期 6-8 月。

根及部分根茎供药用，有除虚烦、清热散肿、生肌止痛之效，可治产后虚烦呕逆，小便淋沥，肾炎，尿路感染，水肿，支气管炎和风湿性腰腿痛等。

鹅绒藤 Cynanchum chinense R. Br.

多年生缠绕草本。株被短柔毛。叶对生，薄纸质，宽三角状心形，顶端锐尖，基部心形，叶面深绿色，叶背苍白色。伞形聚伞花序腋生，二歧，着花约 20；花冠白色，裂片长圆状披针形，副花冠二形，杯状，上端裂成 10 个丝状体，分为两轮，外轮约与花冠裂片等长，内轮略短，每室具花粉块 1，花柱头略为突起，顶端 2 裂。蓇葖双生或仅有 1 个发育，细圆柱状，向端部渐尖。种子长圆形，种毛白色绢质。花期 6-8 月；果期 8-10 月。

全株可作驱风剂。

竹灵消 Cynanchum inamoenum (Maxim.) Loes.

多年生直立草本。叶广卵形，顶端急尖，基部近心形。伞形聚伞花序，近顶部互生，着花 8-10；花黄色，花冠辐状，裂片卵状长圆形，钝头，副花冠较厚，裂片三角形，花药在顶端具圆形的膜片 1，每室具花粉块 1，花粉块柄短，近平行，着粉腺近椭圆形，柱头扁平。蓇葖双生，稀单生，狭披针形，向端部长渐尖。花期 5-7 月；果期 7-10 月。

根可药用，能除烦清热、散毒、通疝气效能；民间用作治妇女血厥、产后虚烦、妊娠遗尿、疥疮及淋巴炎等。

徐长卿 **Cynanchum paniculatum** (Bge.) Kitag.

多年生直立草本，高约 1 米。茎不分枝。叶对生，纸质，披针形至线形，两端锐尖。圆锥状聚伞花序生于顶端的叶腋内，着花 10 余；花萼内的腺体或有或无，花冠黄绿色，近辐状，副花冠裂片 5，基部增厚，顶端钝，每室具花粉块 1，子房椭圆形，柱头五角形，顶端略为突起。蓇葖单生，向端部长渐尖。种子长圆形，种毛白色绢质。花期 5-7 月；果期 9-12 月。

全草可药用，祛风止痛、解毒消肿，治胃气痛、肠胃炎、毒蛇咬伤、腹水等。

地梢瓜 **Cynanchum thesioides** (Freyn) K. Schum.

直立半灌木。地下茎单轴横生，茎自基部多分枝。叶对生或近对生，线形，长 3-5 厘米，宽 2-5 毫米，叶背中脉隆起。伞形聚伞花序腋生；花萼外面被柔毛，花冠绿白色，副花冠杯状，裂片三角状披针形，渐尖，高过药隔的膜片。蓇葖纺锤形，先端渐尖，中部膨大，长 5-6 厘米，直径 2 厘米。种子扁平，暗褐色；种毛白色绢质。花期 5-8 月；果期 8-10 月。

全株含橡胶 1.5%，树脂 3.6%，可作工业原料；幼果可食；种毛可作填充料。

变色白前 Cynanchum versicolor Bge.

　　多年生草本。茎上部缠绕，下部直立，全株被绒毛。叶对生，纸质，宽卵形或椭圆形，顶端锐尖，基部圆形或近心形。伞形状聚伞花序腋生，着花 10 余；近无花序梗；花萼外面被柔毛，内面基部具腺体 5 极小，花冠初呈黄白色，渐变为黑紫色，钟状辐形，副花冠极低，花药近菱状四方形，每室具花粉块 1，长圆形。蓇葖单生，宽披针形。种子宽卵形，暗褐色；种毛白色绢质。花期 5-8 月；果期 7-9 月。

　　根和根茎可药用，能解热利尿，可治肺结核的虚痨热，浮肿、淋痛等；茎皮纤维可作造纸原料；根含淀粉，并可提制芳香油。

隔山消 Cynanchum wilfordii (Maxim.) J. D. Hook.

　　多年生草质藤本。肉质根近纺锤形，灰褐色。叶对生，薄纸质，卵形，顶端短渐尖，基部耳状心形。近伞房状聚伞花序半球形，着花 15-20；花冠淡黄色，辐状，裂片长圆形，先端近钝形，外面无毛，内面被长柔毛；副花冠比合蕊柱为短，先端截形，基部紧狭；每室具花粉块 1，长圆形，下垂。蓇葖单生，披针形，向端部长渐尖，基部紧狭。种子卵形，种毛白色绢质。花期 5-9 月；果期 7-10 月。

　　地下块根供药用，用以健胃、消饱胀、治噎食；外用治鱼口疮毒。

萝藦属 Metaplexis R. Br.

萝藦 Metaplexis japonica (Thunb.) Makino

多年生草质藤本，具乳汁。叶膜质，卵状心形，顶端短渐尖，基部心形，叶耳圆，叶面绿色，叶背粉绿色；叶柄顶端具丛生腺体。总状式聚伞花序腋生，通常着花13-15；花冠白色，有淡紫红色斑纹，近辐状，花冠裂片披针形，张开，顶端反折，内面被柔毛，副花冠环状，短5裂，裂片兜状，雄蕊连生成圆锥状，并包围雌蕊在其中，花粉块卵圆形，下垂，柱头延伸成1长喙，顶端2裂。蓇葖纺锤形，顶端急尖，基部膨大。种子扁平，卵圆形，有膜质边缘，褐色，顶端具白色绢质种毛。花期7-8月；果期9-12月。

全株可药用：果可治劳伤、虚弱、腰腿疼痛、缺奶、白带、咳嗽等；根可治跌打、蛇咬、疔疮、瘰疬、阳痿；茎叶可治小儿疳积、疔肿；种毛可止血；乳汁可除瘊子；茎皮纤维坚韧，可造人造棉。

杠柳属 Periploca L.

杠柳 Periploca sepium Bge.

落叶蔓性灌木，长可达数米。小枝通常对生。叶卵状长圆形，顶端渐尖，基部楔形。聚伞花序腋生，着花数朵；花萼裂片卵圆形，顶端钝，花萼内面基部有小腺体10，花冠紫红色，辐状，裂片长圆状披针形，中间加厚呈纺锤形，反折，副花冠环状，10裂，其中5裂延伸丝状被短柔毛，顶端向内弯，雄蕊着生在副花冠内面，并与其合生，花药彼此粘连并包围着柱头，花粉器匙形，四合花粉藏在载粉器内，粘盘粘连在柱头上。蓇葖2，圆柱状。种子长圆形，顶端具白色绢质种毛。花期5-6月；果期7-9月。

根皮、茎皮可药用，能祛风湿、壮筋骨强腰膝；治风湿关节炎、筋骨痛等。

64 茄科 Solanaceae | 曼陀罗属 Datura L.

曼陀罗 Datura stramonium L.

草本或半灌木状，高 0.5-1.5 米。茎粗壮，圆柱状，下部木质化。叶广卵形，顶端渐尖，基部不对称楔形，边缘有不规则波状浅裂，裂片顶端急尖。花单生于枝杈间或叶腋，直立，有短梗，花萼筒状，长 4-5 厘米，筒部有 5 棱角，基部稍膨大，顶端紧围花冠筒，花冠漏斗状，下半部带绿色，上部白色或淡紫色，檐部 5 浅裂，裂片有短尖头。蒴果直立生，卵状，长 3-4.5 厘米，直径 2-4 厘米，表面生有坚硬针刺。种子卵圆形，稍扁，黑色。花期 6-10 月；果期 7-11 月。

全株有毒，含莨菪碱，药用，有镇痉、镇静、镇痛、麻醉的功能；种子油可制肥皂和掺和油漆用。

枸杞属 Lycium L.

枸杞 **Lycium chinense** Mill.

多分枝灌木，高 0.5-1 米。枝条细弱，弓状弯曲或俯垂。叶纸质或栽培者质稍厚，卵形、卵状菱形、长椭圆形、卵状披针形，顶端急尖，基部楔形。花在长枝上单生或双生于叶腋，在短枝上则同叶簇生；花冠漏斗状，淡紫色，筒部向上骤然扩大，5 深裂。浆果红色，卵状。种子扁肾脏形，长 2.5-3 毫米，黄色。花果期 6-11 月。

果实（中药称枸杞子）药用；根皮（中药称地骨皮）有解热止咳之效用；嫩叶可作蔬菜；种子油可制润滑油或食用油；可作为水土保持的灌木。

散血丹属 Physaliastrum Makino

日本散血丹 **Physaliastrum japonicum** (Franch. et Sav.) Honda
FOC 已修订为 **Physaliastrum echinatum** (Yatabe) Makino

多年生草本，高 50-70 厘米。叶草质，卵形或阔卵形，顶端急尖，基部偏斜楔形并下延到叶柄，全缘而稍波状，有缘毛，两面亦有疏短柔毛，长 4-8 厘米，宽 3-5 厘米；叶柄成狭翼状。花常 2-3 生于叶腋或枝腋，俯垂，花梗长 2-4 厘米，花萼短钟状，萼齿极短，花冠钟状，直径约 1 厘米，5 浅裂，裂片有缘毛，筒部内面中部有 5 对同雄蕊互生的蜜腺，下面有 5 簇髯毛。浆果球状，被果萼包围，果萼近球状，长近等于浆果，因此浆果顶端裸露。种子近圆盘形。花果期 6-10 月。

全草药用，活血散瘀。

茄属 Solanum L.

白英 Solanum lyratum Thunb.

草质藤本，长 0.5-1 米。全株均密被具节长柔毛。叶多数为琴形，基部常 3-5 深裂，裂片全缘，侧裂片愈近基部愈小，中裂片较大，通常卵形，先端渐尖。聚伞花序顶生或腋外生，疏花；萼环状，萼齿 5 枚，圆形，顶端具短尖头，花冠蓝紫色或白色，花冠筒隐于萼内，冠檐 5 深裂，裂片椭圆状披针形。浆果球状，成熟时红黑色。种子近盘状，扁平。花期 7-8 月；果期 8-10 月。

全草入药，可治小儿惊风；果实能治风火牙痛。

龙葵 Solanum nigrum L.

一年生直立草本，高 0.25-1 米。叶卵形，长 2.5-10 厘米，宽 1.5-5.5 厘米，先端短尖，基部楔形至阔楔形而下延至叶柄，全缘或每边具不规则的波状粗齿。蝎尾状花序由花 3-6 组成；花冠白色，筒部隐于萼内，冠檐 5 深裂，裂片卵圆形，花丝短，花药黄色。浆果球形，熟时黑色。种子多数，近卵形。花期 6-8 月；果期 8-10 月。

全株入药，可散瘀消肿、清热解毒。

65 旋花科 Convolvulaceae ｜ 打碗花属 Calystegia R. Br.

打碗花 Calystegia hederacea Wall.

一年生草本，植株通常矮小。茎细，平卧，有细棱。基部叶片长圆形，顶端圆，基部戟形；上部叶片 3 裂，中裂片长圆形或长圆状披针形，侧裂片近三角形，全缘或 2-3 裂，叶片基部心形或戟形。花 1 腋生；萼片长圆形，顶端钝，具小短尖头，内萼片稍短，花冠淡紫色或淡红色，钟状，冠檐近截形或微裂，雄蕊近等长，子房柱头 2 裂，裂片长圆形，扁平。蒴果卵球形，宿存萼片与之近等长或稍短。种子黑褐色，表面有小疣。花期 7-9 月；果期 8-10 月。

全草药用，有活血调经、滋阴补肾的功效。

藤长苗 **Calystegia pellita** (Ledeb.) G. Don.

多年生草本。茎缠绕或下部直立，圆柱形，全株密被灰白色或黄褐色长柔毛。叶长圆形或长圆状线形，顶端钝圆或锐尖，具小短尖头，基部圆形、截形或微呈戟形，全缘。花腋生，单一，苞片卵形，顶端钝，具小短尖头，花冠淡红色，漏斗状，雄蕊花丝基部扩大，子房无毛，2室，每室2胚珠，柱头2裂，裂片长圆形，扁平。蒴果近球形。种子卵圆形。花期6-8月；果期8-9月。

菟丝子属 **Cuscuta** L.

菟丝子 **Cuscuta chinensis** Lam.

一年生寄生草本。茎缠绕，黄色，纤细，直径约1毫米，无叶。花序侧生，少花或多花簇生成小伞形或小团伞花序；花萼杯状，中部以下连合，裂片三角状，长约1.5毫米，顶端钝，花冠白色，壶形，长约3毫米，裂片三角状卵形，向外反折，宿存。蒴果球形，几乎全为宿存的花冠所包围。种子淡褐色，卵形。花期7-8月；果期8-9月。

种子药用，有补肝肾、益精壮阳、止泻的功能。

🌿 **金灯藤 Cuscuta japonica** Choisy

　　一年生寄生缠绕草本。茎较粗壮，肉质，无叶。穗状花序；苞片及小苞片鳞片状，卵圆形，长约2毫米，顶端尖，全缘，沿背部增厚；花无柄或几无柄；花萼碗状，肉质，长约2毫米，5裂几达基部，裂片卵圆形或近圆形，花冠钟状，淡红色或绿白色，顶端5浅裂，直立或稍反折，雄蕊5，花药黄色，花丝几无，子房2室，柱头2裂。蒴果卵圆形。种子1-2，光滑，褐色。花期8月；果期9月。

　　种子药用，功效同菟丝子。

牛牛属 Pharbitis Choisy

🌿 **牵牛 Pharbitis nil** (L.) Choisy 裂叶牵牛　　　FOC 已修订为 **Ipomoea nil** (L.) Roth

　　一年生缠绕草本。茎上被倒向的短柔毛及杂有倒向或开展的长硬毛。叶宽卵形或近圆形，深或浅的3（偶5）裂，基部圆，心形，中裂片长圆形或卵圆形，渐尖或骤尖，侧裂片较短，三角形，叶面或疏或密被微硬的柔毛。花腋生，单一或通常2花着生于花序梗顶；萼片近等长，披针状线形，内面2片稍狭，花冠漏斗状，蓝紫色或紫红色，花冠管色淡，雄蕊及花柱内藏，雄蕊不等长，柱头头状。蒴果近球形3瓣裂。种子卵状三棱形。花期6-9月；果期9-10月。

　　除栽培供观赏外，种子为常用中药，名丑牛子（云南）、黑丑、白丑、二丑（黑、白种子混合），入药多用黑丑，白丑较少用；有泻水利尿、逐痰、杀虫的功效。

圆叶牵牛 Pharbitis purpurea (L.) Voigt   FOC 已修订为 **Ipomoea purpurea** (L.) Roth

　　一年生缠绕草本。茎上被倒向的短柔毛杂有倒向或开展的长硬毛。叶圆心形或宽卵状心形，基部圆，心形，顶端锐尖、骤尖或渐尖，通常全缘，两面疏或密被刚伏毛。花腋生，单一或 2-5 花着生于花序梗顶端成伞形聚伞花序；萼片近等长，外面 3 片长椭圆形，渐尖，内面 2 片线状披针形，花冠漏斗状，紫红色、红色或白色，花冠管通常白色，雄蕊与花柱内藏，雄蕊不等长，子房 3 室，每室 2 胚珠，柱头头状。蒴果近球形，3 瓣裂。种子卵状三棱形。花期 6-9 月；果期 9-10 月。

　　供观赏；种子药用，功效同牵牛。原产热带美洲，或已成归化植物。

66 **紫草科** Boraginaceae ｜ **斑种草属** **Bothriospermum** Bge.

多苞斑种草 Bothriospermum secundum Maxim.

　　一年生或二年生草本，高 25-40 厘米。全株被向上开展的硬毛及伏毛。基生叶具柄，倒卵状长圆形，先端钝，基部渐狭为叶柄；茎生叶长圆形或卵状披针形，无柄。花序生茎顶及腋生枝条顶端，花梗下垂，花与苞片依次排列，而各偏于一侧；苞片长圆形或卵状披针形；花冠蓝色至淡蓝色，喉部附属物梯形。小坚果卵状椭圆形，密生疣状突起，腹面有纵椭圆形的环状凹陷。花果期 5-8 月。

柔弱斑种草 **Bothriospermum tenellum** (Hornem.) Fisch. et Mey.
FOC 已修订为 **Bothriospermum zeylanicum** (J. Jacq.) Druce

一年生草本，高 15-30 厘米。茎细弱，丛生，直立或平卧，全株被向上贴伏的糙伏毛。叶椭圆形或狭椭圆形，先端钝，具小尖，基部宽楔形。花冠蓝色或淡蓝色；喉部有梯形的附属物 5，附属物高约 0.2 毫米，花柱圆柱形，极短。小坚果肾形，腹面具纵椭圆形的环状凹陷。花期 4-8 月；果期 6-10 月。

紫草属 Lithospermum L.

田紫草 Lithospermum arvense L. 麦家公

一年生草本。根稍含紫色物质。茎通常单一，高 15-35 厘米，自基部或仅上部分枝有短糙伏毛。叶无柄；叶倒披针形至线形。聚伞花序；花序排列稀疏，花冠高脚碟状，白色，有时蓝色或淡蓝色，喉部无附属物，但有 5 条延伸到筒部的毛带。小坚果三角状卵球形，长约 3 毫米，灰褐色，有疣状突起。花果期 4-8 月。

紫草 **Lithospermum erythrorhizon** Sieb. et Zucc.

多年生草本。根富含紫色物质。茎通常 1-3 条，直立，高 40-90 厘米，有贴伏和开展的短糙伏毛。叶无柄；叶卵状披针形至宽披针形，先端渐尖，基部渐狭。花冠白色，筒部长约 4 毫米，檐部与筒部近等长，裂片宽卵形，开展，全缘或微波状，先端有时微凹，喉部附属物半球形。小坚果卵球形，乳白色或带淡黄褐色，腹面中线凹陷呈纵沟。花果期 6-9 月。

根含紫草素，可入药，治麻疹不透、斑疹、便秘、腮腺炎等症；外用治烧烫伤。

附地菜属 **Trigonotis** Stev.

朝鲜附地菜 **Trigonotis coreana** Nakai
FOC 已修订为北附地菜 **Trigonotis radicans** (Turcz.) Stev. subsp. **sericea** (Maxim.) Riedl

多年生草本。茎数条丛生，高 20-32 厘米，疏生贴伏的短糙毛或近无毛。基生叶和茎下部叶卵形或椭圆状卵形，先端具短尖头，基部圆或楔形，两面被短伏毛；茎生叶似基生叶但叶片较小，叶柄较短。花序顶生；苞片叶状；花单生腋外，花冠淡蓝色，喉部附属物 5，厚，梯形，高约 0.8 毫米，顶端凹缺。小坚果 4，幼果为斜三棱锥状四面体形，有短毛，背面三角状卵形。花期 5-7 月。

🌿 **附地菜 Trigonotis peduncularis** (Trev.) Benth. ex Baker et Moore

　　一年生或二年生草本。茎通常多条丛生，密集，铺散，高 5-30 厘米，被短糙伏毛。基生叶呈莲座状，有叶柄，叶片匙形，先端圆钝，基部楔形或渐狭；茎上部叶长圆形或椭圆形，无叶柄或具短柄。花序生茎顶，幼时卷曲，后渐次伸长；花冠淡蓝色或粉色，筒部甚短，喉部有鳞片状附属物 5，白色或带黄色。小坚果 4，斜三棱锥状四面体形，具 3 锐棱。早春开花，花期甚长。

　　全草入药，能温中健胃、消肿止痛、止血；嫩叶可供食用；花美观可用以点缀花园。

67 **马鞭草科** Verbenaceae ｜ **紫珠属 Callicarpa** L.

🌿 **白棠子树 Callicarpa dichotoma** (Lour.) K. Koch 小紫珠

　　多分枝的小灌木，高 1-3 米。叶倒卵形或披针形，长 2-6 厘米，宽 1-3 厘米，顶端急尖或尾状尖，基部楔形，边缘仅上半部具数个粗锯齿，表面稍粗糙，密生细小黄色腺点。聚伞花序在叶腋的上方着生，二次至三次分枝；花冠紫色，花丝长约为花冠的 2 倍，花药卵形，子房无毛，具黄色腺点。果实球形，紫色，径约 2 毫米。花期 5-6 月；果期 7-11 月。

　　根、叶药用，根治关节酸痛；叶止血、散瘀；叶可提取芳香油；可作观赏树种。

大青属 Clerodendrum L.

海州常山 Clerodendrum trichotomum Thunb.

　　灌木或小乔木。老枝灰白色，具皮孔，髓白色，有淡黄色薄片状横隔。叶纸质，卵形、卵状椭圆形或三角状卵形，顶端渐尖，基部宽楔形至截形，偶有心形，叶面深绿色，叶背淡绿色，全缘。伞房状聚伞花序顶生或腋生，通常二歧分枝，疏散，末次分枝着花 3；花萼蕾时绿白色，后紫红色，基部合，花香，花冠白色或带粉红色，花冠管细，雄蕊 4，花丝与花柱同伸出花冠外，柱头 2 裂。核果近球形成熟时外果皮蓝紫色。花果期 6-11 月。

　　根、茎、叶、花药用，有祛风除湿、降血压、截疟的功效。

牡荆属 Vitex L.

黄荆 Vitex negundo L.

　　灌木或小乔木。小枝四棱形，密生灰白色绒毛。掌状复叶，小叶 5（少 3）；中间小叶长 4-13 厘米，宽 1-4 厘米，两侧小叶依次递小，小叶长圆状披针形至披针形，顶端渐尖，基部楔形，全缘，叶面绿色，叶背密生灰白色绒毛。聚伞花序排成圆锥花序式，顶生；花萼钟状，顶端有 5 裂齿，花冠淡紫色，外有微柔毛，顶端 5 裂，二唇形，雄蕊伸出花冠管外。核果近球形，径约 2 毫米；宿萼接近果实长。花期 4-6 月；果期 7-10 月。

　　茎皮可造纸及制人造棉；茎叶治久痢；种子为清凉性镇静、镇痛药；花和枝叶可提取芳香油。

🌿 荆条 **Vitex negundo** L. var. **heterophylla** (Franch.) Rehd.

本变种主要特点：小叶边缘有缺刻状锯齿，浅裂以至深裂，叶背密被灰白色绒毛。
用途同黄荆。

68 **唇形科** Lamiaceae │ **藿香属** Agastache Clayt. ex Gronov.

🌿 藿香 **Agastache rugosa** (Fisch. et Mey.) O. Ktze.

多年生草本。茎直立，高 0.5-1.5 米，四棱形。叶心状卵形至长圆状披针形，向上渐小，先端尾状长渐尖，基部心形，稀截形，边缘具粗齿，纸质。轮伞花序多花，在主茎或侧枝上组成顶生密集的圆筒形穗状花序；花萼管状，花冠淡紫蓝色，冠檐二唇形，上唇直伸，先端微缺，下唇 3 裂，中裂片较宽大，平展，边缘波状，基部宽，侧裂片半圆形，雄蕊伸出花冠，花柱与雄蕊近等长，丝状，先端

相等的 2 裂。成熟小坚果卵状长圆形，先端具有短硬毛。花期 6-9 月；果期 9-11 月。

　　全草入药，有止呕吐、治霍乱腹痛、驱逐肠胃充气、清暑等效；果可作香料；叶及茎均富含挥发性芳香油，有浓郁的香味，为芳香油原料。

筋骨草属 Ajuga L.

线叶筋骨草 Ajuga linearifolia Pamp.

　　多年生草本。茎四棱，全株被白色具腺长柔毛或绵毛，高 25-40 厘米。叶纸质或近膜质，线状披针形或线形，先端极钝或圆形，基部渐狭，下延，抱茎。轮伞花序在茎中部以上着生，排列成穗状花序；花萼漏斗状，萼齿 5，花冠白色或淡蓝色，具紫蓝色斑点，内面近基部有毛环，冠檐二唇形，上唇极短，直立，下唇宽大，伸长，3 裂，中裂片扇形，先端圆形或微凹，侧裂片线状长圆形，雄蕊 4，二强，子房 4 裂。小坚果倒卵状或长倒卵状三棱形。花期 4-5 月；果期 5-7 月。

多花筋骨草 Ajuga multiflora Bge.

　　多年生草本。茎直立，不分枝，高 6-20 厘米，四棱形。基生叶具柄，茎上部叶无柄；叶均纸质，椭圆状长圆形或椭圆状卵圆形，先端钝或微急尖，基部楔状下延，抱茎。轮伞花序自茎中部向上渐靠近，至顶端呈一密集的穗状聚伞花序；花萼宽钟形，萼齿 5，花冠蓝紫色或蓝色，冠檐二唇形，上唇短，直立，先端 2 裂，裂片圆形，下唇伸长，宽大，3 裂，中裂片扇形，侧裂片长圆形，雄蕊 4，二强，伸出。小坚果倒卵状三棱形，背部具网状皱纹，腹部中间隆起。花期 4-5 月；果期 5-6 月。

水棘针属 Amethystea L.

水棘针 Amethystea caerulea L.

一年生草本，高 0.3-1 米。茎四棱形，紫色。叶纸质或近膜质，三角形或近卵形，3 深裂，稀不裂或 5 裂，裂片披针形，边缘具粗锯齿或重锯齿。花序为由松散具长梗的聚伞花序所组成的圆锥花序；花萼钟形，萼齿 5，花冠蓝色或紫蓝色，冠筒内藏或略长于花萼，冠檐二唇形，外面被腺毛，上唇 2 裂，长圆状卵形或卵形，下唇略大，3 裂，中裂片近圆形，侧裂片与上唇裂片近同形，雄蕊 4，前对能育，着生于下唇基部，后对为退化雄蕊，着生于上唇基部。小坚果倒卵状三棱形，背面具网状皱纹。花期 8-9 月；果期 9-10 月。

风轮菜属 Clinopodium L.

风轮菜 Clinopodium chinense (Benth.) O. Ktze.

多年生草本。茎高可达 1 米，密被短柔毛及腺微柔毛。叶卵圆形，先端急尖或钝，基部圆形呈阔楔形，边缘具大小均匀的圆齿状锯齿，叶面榄绿色，叶背灰白色。轮伞花序多花密集，半球状；花萼狭管状，上唇 3 齿，长三角形，先端具硬尖，下唇 2 齿，先端芒尖，花冠紫红色，外面被微柔毛，内面在下唇下方喉部具二列毛茸，冠檐二唇形，上唇直伸，下唇 3 裂，雄蕊 4。小坚果倒卵形。花期 5-8 月；果期 8-10 月。

香薷属 Elsholtzia Willd.

香薷 **Elsholtzia ciliata** (Thunb.) Hyland.

　　直立草本，高 30-50 厘米。茎通常自中部以上分枝，钝四棱形。叶卵形或椭圆状披针形，先端渐尖，基部楔状下延成狭翅，边缘具锯齿。穗状花序偏向一侧，由多花的轮伞花序组成；苞片宽卵圆形或扁圆形，对生，在花序内排成纵列两行，先端具芒状突尖；花萼钟形，萼齿 5，前 2 齿较长，花冠淡紫色，约为花萼长 3 倍，冠檐二唇形，上唇直立，先端微缺，下唇开展，3 裂，中裂片半圆形，侧裂片弧形，较中裂片短，雄蕊 4，前对较长，外伸，花药紫黑色，花柱内藏，先端 2 浅裂。小坚果长圆形，棕黄色，光滑。花期 7-10 月；果期 10 月至翌年 1 月。

　　全草入药，治急性肠胃炎、腹痛吐泻、夏秋阳暑、头痛发热、恶寒无汗、霍乱、水肿、鼻衄、口臭等症；嫩叶可喂猪。

海州香薷 **Elsholtzia splendens** Nakai ex F. Maekawa

　　直立草本，高 30-50 厘米。叶卵状长圆形至长圆状披针形或披针形，先端渐尖，基部下延至叶柄，边缘疏生整齐锯齿，上面绿色，密布凹陷点。穗状花序顶生，不明显的偏向一侧，由多数轮伞花序所组成；苞片近圆形或宽卵圆形，交错对生，在花序内排成纵列 4 行，先端具尾状骤尖；花萼钟形，具腺点，萼齿 5，花冠玫瑰红紫色，近漏斗形，冠檐二唇形，上唇直立，先端微缺，下唇开展，3 裂，中裂片圆形，全缘，侧裂片截形或近圆形，雄蕊 4，前对较长，均伸出，花柱超出雄蕊。小坚果长圆形，黑棕色，具小疣。花果期 9-11 月。

　　全草入药，主治夏月乘凉饮冷伤暑、头痛、发热、恶寒、无汗、腹痛、吐泻、水肿、脚气。

活血丹属 Glechoma L.

活血丹 Glechoma longituba (Nakai) Kupr.

多年生草本。具匍匐茎，逐节生根，茎四棱形。叶草质，下部者较小，上部者较大，心形。轮伞花序通常具2，稀具4-6；花萼管状，齿5，上唇3齿，较长，下唇2齿，略短，花冠淡蓝、蓝至紫色，下唇具深色斑点，冠筒直立，上部渐膨大成钟形，有长筒与短筒两型，冠檐二唇形，上唇直立，2裂，下唇伸长，斜展，3裂，中裂片最大，肾形，雄蕊4，内藏，后对着生于上唇下，较长，前对着生于两侧裂片下方花冠筒中部，较短。成熟小坚果深褐色。花期4-5月；果期5-6月。

全草药用，有治疗膀胱结石、尿路结石的功效。

夏至草属 Lagopsis Bge. ex Benth.

夏至草 Lagopsis supina (Stephan ex Willd.) Ikonn.-Gal. ex Knorring

多年生草本，披散于地面或上升。茎高15-35厘米，四棱形。叶先端圆形，基部心形，3深裂，裂片有圆齿或长圆形犬齿，有时叶片为卵圆形，3浅裂或深裂。轮伞花序疏花，在枝条上部者较密集，在下部者较疏松；花萼管状钟形，花冠白色，稀粉红色，稍伸出于萼筒，冠檐二唇形，上唇直伸，比下唇长，长圆形，全缘，下唇斜展，3浅裂，中裂片扁圆形，2侧裂片椭圆形，雄蕊4，着生于冠筒中部稍下，不伸出，后对较短。小坚果长卵形。花期3-4月；果期5-6月。

野芝麻属 Lamium L.

宝盖草 Lamium amplexicaule L.

一年生或二年生草本。茎高 10-30 厘米,基部多分枝,四棱形,中空。茎下部叶具长柄,上部叶无柄;叶均圆形或肾形,先端圆,基部截形或截状阔楔形,半抱茎,边缘具极深的圆齿。轮伞花序具花 6-10,其中常有闭花受精的花;花萼管状钟形,花冠紫红或粉红色,冠檐二唇形,上唇直伸,长圆形,先端微弯,下唇稍长,3 裂,中裂片倒心形,先端深凹,基部收缩,侧裂片浅圆裂片状。小坚果倒卵圆形,具三棱,表面有白色大疣状突起。花期 3-5 月;果期 7-8 月。

全草入药,治外伤骨折、跌打损伤红肿、毒疮、瘫痪、半身不遂、高血压、小儿肝热及脑漏等症。

益母草属 Leonurus L.

益母草 Leonurus artemisia (Laur.) S. Y. Hu   FOC 已修订为 **Leonurus japonicus** Houtt.

一年生或二年生草本。茎直立,通常高 30-120 厘米,钝四棱形。叶轮廓变化很大;茎下部叶为卵形,基部宽楔形,掌状 3 裂,裂片上再分裂;茎中部叶轮廓为菱形,较小,通常分裂成 3 个或偶有多个长圆状线形的裂片。轮伞花序腋生,具花 8-15;花萼管状钟形,花冠粉红至淡紫红色,冠檐二唇形,上唇直伸,内凹,长圆形,全缘,下唇略短于上唇,3 裂,中裂片倒心形,先端微缺,基部收缩,侧裂片卵圆形,细小,雄蕊 4。小坚果长圆状三棱形,淡褐色,光滑。花期 6-9 月;果期 9-10 月。

全草入药,有治疗月经不调、子宫出血、闭经、痛经等多种妇科疾病的功效;种子药用,称茺蔚子,有利尿、治眼疾的功效。

錾菜 Leonurus pseudomacranthus Kitag.

多年生草本。茎直立，高 30-80 厘米，茎及分枝钝四棱形。叶变异很大，近茎基部叶轮廓为卵圆形，3 裂，边缘疏生粗锯齿状牙齿，先端锐尖，基部宽楔形，近革质，粗糙；茎中部的叶通常不裂，长圆形，边缘疏生齿，最下方的一对齿多少呈半裂片状，其余均为锯齿状牙齿。轮伞花序腋生，多花；花冠白色，常带紫纹，冠檐二唇形，上唇长圆状卵形，先端近圆形，基部略收缩，直伸，稍内凹，白色，下唇轮廓为卵形，3 裂，中裂片较大，倒心形，雄蕊 4，均延伸至上唇片之下。小坚果长圆状三棱形，黑褐色。花期 8-9 月；果期 9-10 月。

陕西用全草入药，治产后腹痛。

地笋属 Lycopus L.

地笋 Lycopus lucidus Turcz. 地瓜儿苗

多年生草本，高 0.6-1.7 米。茎直立，不分枝，四棱形。叶具极短柄或近无柄；叶长圆状披针形，先端渐尖，基部渐狭，边缘具锐尖粗牙齿状锯齿，下面具凹陷的腺点。轮伞花序无梗，多花密集；花萼钟形，外面具腺点，萼齿 5，花冠白色，长 5 毫米，冠檐不明显二唇形，上唇近圆形，下唇 3 裂，雄蕊仅前对能育，超出于花冠，后对雄蕊退化，花柱伸出花冠。小坚果倒卵圆状四边形。花期 6-9 月；果期 8-11 月。

全草药用，有通经利尿的功效，为妇科用药；肥大根状茎可食。

薄荷属 Mentha L.

薄荷 Mentha haplocalyx Briq.　FOC 已修订为 **Mentha canadensis** L.

多年生草本。茎直立，高 30-60 厘米，多分枝。叶片长圆状披针形、披针形、椭圆形或卵状披针形，先端锐尖，基部楔形至近圆形，边缘在基部以上疏生粗大的牙齿状锯齿。轮伞花序腋生，轮廓球形；花萼管状钟形，外被微柔毛及腺点，萼齿 5，狭三角状钻形，长 1 毫米，花冠淡紫，长 4 毫米，冠檐 4 裂，上裂片较大，其余 3 裂片近等大，长圆形，先端钝，雄蕊 4，前对较长，均伸出于花冠之外。小坚果卵珠形。花期 7-9 月；果期 10 月。

幼嫩茎尖可作菜食；全草可入药，治感冒发热喉痛，头痛，目赤痛，皮肤风疹瘙痒，麻疹不透等症，此外对痈、疽、疥、癣、漆疮亦有效。

石荠苎属 Mosla Buch.-Ham. ex Maxim.

石荠苎 Mosla scabra (Thunb.) C. Y. Wu et H. W. Li

一年生草本。茎高 20-100 厘米，多分枝，密被短柔毛。叶卵形或卵状披针形，先端急尖或钝，基部圆形或宽楔形，边缘近基部全缘，自基部以上为锯齿状，纸质，叶面榄绿色，被灰色微柔毛，叶背灰白，密布凹陷腺点。总状花序；花萼钟形，二唇形，花冠粉红色，长 4-5 毫米，冠筒向上渐扩大，冠檐二唇形，上唇直立，扁平，先端微凹，下唇 3 裂，中裂片较大，雄蕊 4，后对能育，前对退化。小坚果球形。花期 5-11 月；果期 9-11 月。

民间用全草入药，治感冒、中暑发高烧、痱子、皮肤瘙痒、疟疾、便秘、内痔、便血、疥疮、湿脚气、外伤出血、跌打损伤；此外全草又能杀虫，根可治疮毒。

荆芥属 Nepeta L.

荆芥 Nepeta cataria L.

多年生植物。茎直立，高 40-150 厘米，四棱形。叶卵状至三角状心脏形，先端钝至锐尖，基部心形至截形，边缘具粗圆齿或牙齿。花序为聚伞状，下部的腋生，上部的组成连续或间断的密集的顶生分枝圆锥花序，聚伞花序呈二歧状分枝；花冠白色，下唇有紫点，冠筒极细，自萼筒内骤然扩展成宽喉，冠檐二唇形，上唇短，先端具浅凹，下唇 3 裂，中裂片近圆形，基部心形，边缘具粗牙齿，雄蕊内藏。小坚果卵形。花期 7-9 月；果期 9-10 月。

含芳香油，用于化妆品香料；全草用于防治感冒。

糙苏属 Phlomis L.

糙苏 Phlomis umbrosa Turcz.

多年生草本。茎高 50-150 厘米，四棱形。叶近圆形、圆卵形至卵状长圆形，先端急尖，稀渐尖，基部浅心形或圆形，边缘为具锯齿状牙齿，或为不整齐的圆齿。花萼管状，外面被星状微柔毛，花冠通常粉红色，下唇较深色，常具红色斑点，冠檐二唇形，外面被绢状柔毛，边缘具不整齐的小齿，上唇较大，下弯，下唇外面除边缘无毛外密被绢状柔毛，3 圆裂，裂片卵形或近圆形，中裂片较大。小坚果无毛。花期 6-9 月；果期 9 月。

民间用根入药，性苦辛、微温，有消肿、生肌、续筋、接骨之功，兼补肝、肾，强腰膝，又有安胎之效。

夏枯草属 Prunella L.

夏枯草 Prunella vulgaris L.

多年生草木。茎高 20-30 厘米，钝四棱形。茎叶卵状长圆形或卵圆形，大小不等，先端钝，基部圆形、截形至宽楔形，下延至叶柄成狭翅，边缘近全缘，草质。轮伞花序密集组成长 2-4 厘米的顶生穗状花序，每一轮伞花序下承以苞片；花萼钟形，二唇形，花冠紫、蓝紫或红紫色，冠檐二唇形，上唇近圆形，内凹，多少呈盔状，先端微缺，下唇约为上唇 1/2，3 裂，中裂片较大，近倒心形，先端边缘具流苏状小裂片，侧裂片长圆形，垂向下方，雄蕊 4，前对长很多，均上升至上唇片之下，彼此分离。小坚果黄褐色，长圆状卵珠形。花期 4-6 月；果期 7-10 月。

全株入药，治口眼歪斜、止筋骨疼、舒肝气、开肝郁。

香茶菜属 Rabdosia (Bl.) Hassk.　　FOC 已修订为 **Isodon** (Schrad. ex Benth.) Spach

内折香茶菜 Rabdosia inflexa (Thunb.) Hara　　FOC 已修订为 **Isodon inflexus** (Thunb.) Kudô

多年生草本。茎曲折，直立，高 0.4-1.5 米，钝四棱形。茎叶三角状阔卵形或阔卵形，先端锐尖或钝，基部阔楔形，骤然渐狭下延，边缘在基部以上具粗大圆齿状锯齿。狭圆锥花序，花茎及分枝着生于顶端及上部茎叶腋内，花序由具 3-5 花的聚伞花序组成；花萼钟形，花冠淡红至青紫色，冠檐二唇形，上唇外反，先端具相等 4 圆裂，下唇阔卵圆形，内凹，舟形，雄蕊 4，内藏。花期 8-10 月。

蓝萼香茶菜 Rabdosia japonica (Burm. f.) Hara var. glaucocalyx (Maxim.) Hara
FOC 已修订为 Isodon japonicus var. glaucocalyx (Maxim.) H. W. Li

多年生草本。茎直立，高 0.4-1.5 米，钝四棱形。茎叶对生，叶卵形或阔卵形，先端具卵形的顶齿，基部阔楔形，边缘有粗大具硬尖头的钝锯齿，坚纸质。圆锥花序在茎及枝上顶生，疏松而开展，由具 5-7 花的聚伞花序组成，聚伞花序具梗；花萼开花时钟形，果时花萼管状钟形，常带蓝色，花冠淡紫、紫蓝至蓝色，上唇具深色斑点，冠檐二唇形，上唇反折，先端具 4 圆裂，下唇阔卵圆形，内凹，雄蕊 4，伸出。成熟小坚果卵状三棱形，黄褐色，顶端具疣状凸起。花期 7-8 月；果期 9-10 月。

鼠尾草属 Salvia L.

丹参 Salvia miltiorrhiza Bge.

多年生直立草本。根肥厚，肉质，外面朱红色。茎直立，高 40-80 厘米，四棱形，密被长柔毛。叶常为奇数羽状复叶；小叶 3-7，卵圆形或椭圆状卵圆形或宽披针形，先端锐尖或渐尖，基部圆形或偏斜，边缘具圆齿，草质。轮伞花序 6 花或多花；苞片披针形，先端渐尖，基部楔形，全缘；花萼钟形，带紫色，二唇形，花冠紫蓝色，冠檐二唇形，上唇镰刀状，向上竖立，先端微缺，下唇短于上唇，3 裂，中裂片先端二裂，能育雄蕊 2，伸至上唇片，退化雄蕊线形，花柱远外伸，长达 40 毫米。小坚果黑色，椭圆形。花果期 6-8 月。

根入药，含丹参酮，为强壮性通经剂，山东重要的道地药材。

荔枝草 **Salvia plebeia** R. Br.

一年生或二年生草本。茎直立，高 15-90 厘米。叶椭圆状卵圆形或椭圆状披针形，先端钝或急尖，基部圆形或楔形，边缘具圆齿、牙齿或尖锯齿，草质，下面散布黄褐色腺点。轮伞花序花多数，在茎、枝顶端密集组成总状或总状圆锥花序；花萼钟形，花冠淡红、淡紫、紫、蓝紫至蓝色，稀白色，冠檐二唇形，上唇长圆形，先端微凹，下唇 3 裂，中裂片最大，能育雄蕊 2，着生于下唇基部，略伸出花冠外。小坚果倒卵圆形。花期 4-5 月；果期 6-7 月。

全草入药，民间广泛用于跌打损伤、无名肿毒、流感、咽喉肿痛、高血压、一切疼痛及胃癌等症。

罗艳 摄

黄芩属 **Scutellaria** L.

黄芩 **Scutellaria baicalensis** Georgi

多年生草本。根茎肥厚，肉质。茎高 15-100 厘米，钝四棱形。叶坚纸质，披针形至线状披针形，顶端钝，基部圆形，全缘，叶背密被下陷的腺点。花序在茎及枝上顶生，总状；花冠紫、紫红至蓝色，冠檐二唇形，上唇盔状，先端微缺，下唇中裂片三角状卵圆形，两侧裂片向上唇靠合，雄蕊 4，稍露出，前对较长，具半药，退化半药不明显，后对较短，具全药。小坚果卵球形，黑褐色，具瘤。花期 7-8 月；果期 8-9 月。

根茎为清凉性解热消炎药，对上呼吸道感染、急性胃肠炎等均有功效，少量服用有苦补健胃的作用。

京黄芩 **Scutellaria pekinensis** Maxim.

一年生草本。茎高 24-40 厘米，直立，四棱形。叶草质，卵圆形或三角状卵圆形，先端锐尖至钝，有时圆形，基部截形，截状楔形至近圆形，边缘具浅而钝的 2-10 对齿，两面疏被伏贴的小柔毛。花对生，排列成顶生的总状花序；苞片除花序上最下一对较大且叶状外余均细小；花冠蓝紫色，冠檐二唇形，上唇盔状，内凹，顶端微缺，下唇中裂片宽卵圆形，两侧中部微内缢，顶端微缺，两侧裂片卵圆形，雄蕊 4，二强。成熟小坚果栗色或黑栗色，卵形。花期 6-8 月；果期 7-10 月。

百里香属 Thymus L.

地椒 **Thymus quinquecostatus** Celak.

矮小半灌木。茎斜上升或近水平伸展，不育枝从茎基部或直接从根茎长出。叶长圆状椭圆形或长圆状披针形，稀有卵圆形或卵状披针形，先端钝或锐尖，基部渐狭成短柄，全缘，边外卷，叶背腺点小且多而密，明显。苞、叶同形；轮伞花序头状或稍伸长成长圆状的头状花序；花萼管状钟形，花冠粉色，冠筒比花萼短。花期 7-8 月；果期 9-10 月。

69 透骨草科 Phrymaceae 透骨草属 **Phryma** L.

透骨草 **Phryma leptostachya** L. subsp. **asiatica** (Hara) Kitamura

多年生草本，高 20-60 厘米。茎直立，四棱形。叶草质对生，卵状长圆形、卵状披针形、卵状椭圆形至卵状三角形或宽卵形，先端渐尖、尾状急尖或急尖，稀近圆形，基部楔形、圆形或截形，边缘有 3-5 至多数钝锯齿、圆齿或圆齿状牙齿。穗状花序生茎顶及侧枝顶，花多数，疏离；花萼筒状，有纵棱 5，花冠漏斗状筒形，蓝紫色、淡红色至白色，檐部二唇形，上唇直立，2 浅裂，下唇平伸，3 浅裂，雄蕊 4，花药肾状圆形，雌蕊子房斜长圆状披针形，柱头二唇形。瘦果狭椭圆形，包藏于棒状宿存花萼内，反折并贴近花序轴。种子 1，基生，种皮与果皮合生。花期 6-10 月；果期 8-12 月。

民间用全草入药，治感冒、跌打损伤，外用治毒疮、湿疹、疥疮；根及叶的鲜汁或水煎液对菜粉蝶、家蝇和三带喙库蚊的幼虫有强烈的毒性。

70 车前科 Plantaginaceae 车前属 **Plantago** L.

车前 **Plantago asiatica** L.

多年生草本。叶基生呈莲座状，薄纸质或纸质，宽卵形至宽椭圆形，先端钝圆至急尖，边缘波状、全缘或中部以下有锯齿、牙齿或裂齿，基部宽楔形或近圆形，多少下延，两面疏生短柔毛，脉 5-7 条；叶柄基部扩大成鞘。穗状花序细圆柱状；花具短梗，花冠白色，裂片狭三角形，于花后反折。蒴果纺锤状卵形、卵球形或圆锥状卵形。种子卵状椭圆形或椭圆形，黑褐色至黑色。花期 4-8 月；果期 6-9 月。

种子及全草药用，有利水、清热、明目、祛痰的功效。

平车前 **Plantago depressa** Willd.

一年生草本。叶基生呈莲座状，纸质，椭圆形、椭圆状披针形或卵状披针形，先端急尖或微钝，边缘具浅波状钝齿、不规则锯齿或牙齿，基部宽楔形至狭楔形，下延至叶柄；叶柄基部扩大成鞘状。穗状花序细圆柱状，上部密集，基部常间断；花冠白色，冠筒等长或略长于萼片，裂片极小，椭圆形或卵形，于花后反折，雄蕊同花柱明显外伸，花药卵状椭圆形或宽椭圆形。蒴果卵状椭圆形至圆锥状卵形，于基部上方周裂。种子椭圆形。花期 5-7 月；果期 7-9 月。

种子及全草药用，有利水、清热、明目、祛痰的功效。

71 木犀科 Oleaceae ｜ 梣属 Fraxinus L.

花曲柳 **Fraxinus rhynchophylla** Hance
FOC 已修订为大叶白蜡树 **Fraxinus chinensis** Roxb. subsp. **rhynchophylla** (Hance) E. Murray

落叶大乔木，高 12-15 米。树皮灰褐色。羽状复叶；小叶着生处具关节，节上有时簇生棕色曲柔毛，小叶 5-7，革质，阔卵形、倒卵形或卵状披针形，营养枝的小叶较宽大，顶生小叶显著大于侧生小叶。圆锥花序顶生或腋生当年生枝梢；雄花与两性花异株；花萼浅杯状，无花冠，两性花具雄蕊 2，花药椭圆形，雌蕊具短花柱，柱头 2 叉深裂。翅果线形，具宿存萼。花期 4-5 月；果期 9-10 月。

对气候、土壤要求不严，木材质地坚韧，纹理美丽而略粗，各地常引种栽培，作行道树和庭园树；树皮供药用。

女贞属 Ligustrum L.

辽东水蜡树 Ligustrum obtusifolium Sieb. subsp. suave (Kitag.) Kitag.

落叶灌木，高 2-3 米。树皮暗灰色。叶纸质，披针状长椭圆形、长椭圆形、长圆形或倒卵状长椭圆形，先端钝或锐尖，有时微凹而具微尖头。圆锥花序着生于小枝顶端，花序轴、花梗、花萼均被微柔毛或短柔毛；截形或萼齿呈浅三角形，花冠管裂片狭卵形至披针形。果近球形或宽椭圆形。花期 5-6 月；果期 8-10 月。

庭园绿化观赏树种；嫩叶可代茶。

72 玄参科 Scrophulariaceae | 通泉草属 Mazus Lour.

通泉草 Mazus japonicus (Thunb.) O. Kuntze
FOC 已修订为 Mazus pumilus (N. L. Burman) Steenis

一年生草本，高 3-30 厘米。基生叶少到多数，有时成莲座状或早落，倒卵状匙形至卵状倒披针形，膜质至薄纸质，顶端全缘或有不明显的疏齿，基部楔形，下延成带翅的叶柄；茎生叶对生或互生，与基生叶相似。总状花序生于茎、枝顶端，通常 3-20 花，花稀疏；花萼钟状，萼片与萼筒近等长，花冠白色、紫色或蓝色，上唇裂片卵状三角形，下唇中裂片较小，倒卵圆形。蒴果球形。种子小而多数，黄色。花果期 4-10 月。

弹刀子菜 Mazus stachydifolius (Turcz.) Maxim.

多年生草本，高 10-50 厘米，全体被多细胞白色长柔毛。基生叶匙形，有短柄；茎生叶对生，上部的常互生，无柄，长椭圆形至倒卵状披针形，纸质，边缘具不规则锯齿。总状花序顶生，花稀疏；花萼漏斗状，花冠蓝紫色，花冠筒与唇部近等长，上部稍扩大，上唇短，顶端 2 裂，裂片狭长三角形状，端锐尖，下唇宽大，开展，3 裂，二强雄蕊 4 着生在花冠筒的近基部。蒴果扁卵球形。花期 4-6 月；果期 7-9 月。

山罗花属 Melampyrum L.

山罗花 Melampyrum roseum Maxim.

直立草本。茎通常多分枝，近于四棱形，高 15-80 厘米。叶披针形至卵状披针形，顶端渐尖，基部圆钝或楔形。花萼常被糙毛，萼齿长三角形至钻状三角形，花冠紫色、紫红色或红色，筒部长约为檐部长 2 倍，上唇内面密被须毛。蒴果卵状渐尖，直或顶端稍向前偏。种子黑色。花果期 7-10 月。

全草及根药用，有清热解毒的功效。

泡桐属 Paulownia Sieb. et Zucc.

毛泡桐 Paulownia tomentosa (Thunb.) Steud.

乔木，高达 20 米，树冠宽大伞形。树皮褐灰色。叶心脏形，顶端锐尖头，全缘或波状浅裂，叶面毛稀疏，叶背毛密或较疏；老叶叶背的灰褐色树枝状毛常具柄和细长丝状分 3-12 枝；叶柄常有黏质短腺毛。花序为金字塔形或狭圆锥形；萼浅钟形，外面绒毛不脱落，分裂至中部或裂过中部，萼齿卵状长圆形，花冠紫色，漏斗状钟形，在离管基部约 5 毫米处弓曲，向上突然膨大，檐部二唇形，子房卵圆形，有腺毛，花柱短于雄蕊。蒴果卵圆形。花期 4-5 月；果期 8-9 月。

马先蒿属 Pedicularis L.

返顾马先蒿 Pedicularis resupinata L.

多年生草本，高 30-70 厘米，直立。茎常单出，粗壮而中空。叶密生，互生或有时对生，膜质至纸质，卵形至长圆状披针形，前方渐狭，基部广楔形或圆形，边缘有钝圆的重齿，常反卷。花单生于茎枝顶端的叶腋中，萼片长卵圆形，多少膜质，花冠淡紫红色，管伸直，近端处略扩大，自基部起即向右扭旋，此种扭旋使下唇及盔部成为回顾之状，盔的直立部分与花管同一指向，在此部分以上作两次多少膝盖状弓曲，第一次向前上方成为含有雄蕊的部分，第二次至额部再向前下方以形成长不超过 3 毫米的圆锥形短喙，柱头伸出于喙端。蒴果斜长圆状披针形。花期 6-8 月；果期 7-9 月。

松蒿属 Phtheirospermum Bge.

松蒿 Phtheirospermum japonicum (Thunb.) Kanitz

一年生草本，高 15-60 厘米，植物体被多细胞腺毛。叶片长三角状卵形，近基部的羽状全裂，向上则为羽状深裂；小裂片长卵形或卵圆形，多少歪斜，边缘具重锯齿或深裂。花具长 2-7 毫米的梗；萼齿 5，叶状，披针形，羽状浅裂至深裂，裂齿先端锐尖，花冠紫红色至淡紫红色，外面被柔毛，上唇裂片三角状卵形，下唇裂片先端圆钝。蒴果卵珠形。种子卵圆形，扁平。花果期 6-10 月。

全草药用，有清热利湿的功效。

阴行草属 Siphonostegia Benth.

阴行草 Siphonostegia chinensis Benth. 刘寄奴

一年生草本，直立，高 30-60 厘米。茎中空。叶片对生，厚纸质，广卵形，两面皆密被短毛，二回羽状全裂，裂片仅约 3 对，仅下方两枚羽状开裂，小裂片 1-3，外侧者较长，内侧裂片较短或无，线形或线状披针形，全缘。总状花序；花萼管部很长，顶端稍缩紧，齿 5，长为萼管的 1/4-1/3，线状披针形或卵状长圆形，花冠上唇红紫色，下唇黄色，花管伸直，稍伸出于萼管外，雄蕊二强，子房长卵形，柱头头状。蒴果被包于宿存的萼内。种子多数，黑色，长卵圆形。花果期 6-8 月。

全草药用，有清热利湿、凉血止血、祛淤止痛的功效。

婆婆纳属 Veronica L.

北水苦荬 Veronica anagallis-aquatica L.

　　多年生水生或沼生草本。茎直立或基部倾斜，高10-100厘米。叶无柄，上部的半抱茎，多为椭圆形或长卵形，少为卵状矩圆形，更少为披针形，全缘或有疏而小的锯齿。花序比叶长，多花；花梗与苞片近等长，上升，与花序轴成锐角，使蒴果靠近花序轴，花萼裂片卵状披针形，花冠浅蓝色，浅紫色或白色，裂片宽卵形，雄蕊短于花冠。蒴果近圆形，顶端圆钝而微凹，常因昆虫寄生而异常肿胀。花果期4-9月。

　　嫩苗可蔬食；果常因昆虫寄生而异常肿胀，这种具虫瘿的植株名为"仙桃草"，可药用，治跌打损伤。

直立婆婆纳 Veronica arvensis L.

　　一年生小草本。茎直立，高5-30厘米，有两列多细胞白色长柔毛。下部叶有短柄，中上部叶无柄；叶常3-5对，卵形至卵圆形，边缘具圆或钝齿，两面被硬毛。总状花序长而多花，各部分被多细胞白色腺毛；花梗极短；花冠蓝紫色或蓝色，裂片圆形至长矩圆形，雄蕊短于花冠。蒴果倒心形，强烈侧扁，边缘有腺毛，凹口很深，几乎为果半长，宿存的花柱不伸出凹口。种子矩圆形。花果期4-6月。

婆婆纳 **Veronica didyma** Tenore   FOC 已修订为 **Veronica polita** Fr.

一年生铺散多分枝草本，高 10-25 厘米。叶仅 2-4 对，叶片心形至卵形，每边有深钝齿 2-4，两面被白色长柔毛。总状花序；苞片叶状，下部的对生或全部互生；花梗比苞片略短；花萼裂片卵形，顶端急尖，花冠淡紫色、蓝色、粉色或白色，裂片圆形至卵形，雄蕊比花冠短。蒴果近于肾形，密被腺毛，略短于花萼，凹口约为 90° 角，宿存的花柱与凹口齐或略过之。种子背面具横纹。花果期 3-10 月。

全草药用，有凉血、止血、理气止痛的功效；茎叶味甜，可食。

水蔓菁 **Veronica linariifolia** Pall. ex Link subsp. **dilatata** (Nakai et Kitag.) D. Y. Hong
FOC 已修订为 **Pseudolysimachion linariifolium** (Pall. ex Link) T. Yamaz. subsp. **dilatatum** (Nakai et Kitag.) D. Y. Hong

茎直立，单生，常不分枝，高 30-80 厘米，通常有白色而多卷曲的柔毛。叶几乎完全对生，叶片宽条形至卵圆形，宽 0.5-2 厘米。总状花序单支或数支复出，长穗状；花梗长 2-4 毫米，被柔毛；花冠蓝色、紫色，少白色，后方裂片卵圆形，其余 3 卵形，花丝伸出花冠。蒴果长 2-3.5 毫米，宽 2-3.5 毫米。花期 6-9 月。

叶味甜，采苗炸熟，油盐调食；亦可药用。

阿拉伯婆婆纳 **Veronica persica** Poir.

一年生铺散多分枝草本。茎密生两列多细胞柔毛。叶柄短；叶 2-4 对，卵形或圆形，基部浅心形，平截或浑圆，边缘具钝齿。总状花序；苞片互生，与叶同形且近等大；花梗比苞片长，有的超过 1 倍；花萼裂片卵状披针形，花冠蓝色、紫色或蓝紫色，裂片卵形至圆形，雄蕊短于花冠。蒴果肾形，被腺毛，成熟后几乎无毛，凹口角超过 90°，裂片钝，宿存的花柱超出凹口。种子背面具深的横纹。花果期 3-5 月。

腹水草属 **Veronicastrum** Heist. ex Farbic.

草本威灵仙 **Veronicastrum sibiricum** (L.) Pennell 轮叶婆婆纳

多年生草本。茎直立，高达 1 米，不分枝。叶 4-6 轮生，矩圆形至宽条形。花序顶生，长尾状；花萼裂片不超过花冠半长，钻形，花冠红紫色、紫色或淡紫色，长 5-7 毫米，裂片长 1.5-2 毫米。蒴果卵状，长约 3.5 毫米。种子椭圆形。花果期 7-9 月。

全草及根药用，有祛风除湿、解毒、止血的功效。

73 列当科 Orobanchaceae | 列当属 Orobanche L.

列当 Orobanche coerulescens Steph.

二年生或多年生寄生草本。茎直立，不分枝，株高 10-30 厘米，全株密被蛛丝状长绵毛。叶干后黄褐色，生于茎下部的较密集，上部的渐变稀疏，卵状披针形。花多数，排列成穗状花序；苞片与叶同形，近等大；花萼 2 深裂达近基部，花冠深蓝色、蓝紫色或淡紫色，上唇浅裂 2，下唇裂 3，裂片近圆形或长圆形，中间的较大，顶端钝圆，边缘具不规则小圆齿，雄蕊 4。蒴果卵状长圆形或圆柱形。种子多数，不规则椭圆形或长卵形。花期 4-7 月；果期 7-9 月。

全草药用，有补肾壮阳、强筋骨、润肠之效，主治阳痿、腰酸腿软、神经官能症及小儿腹泻等；外用可消肿。

74 紫葳科 Bignoniaceae | 梓属 Catalpa Scop.

楸 Catalpa bungei C. A. Mey.

小乔木，高 8-12 米。叶对生或三叶轮生，三角状卵形或卵状长圆形，顶端长渐尖，基部截形，阔楔形或心形，基部脉腋有两个紫色腺斑。顶生伞房状总状花序，有花 2-12；花萼蕾时圆球形，具唇开裂 2，顶端有尖齿 2，花冠淡红色，内面具有黄色条纹 2 及暗紫色斑点，长 3-3.5 厘米。蒴果线形。种子狭长椭圆形，两端有白色长毛。花期 5-6 月；果期 6-10 月。

材质优良，纹理美观，为高级家具用材。

梓 **Catalpa ovata** G. Don.

乔木，高达 15 米。叶对生或近于对生，有时轮生，阔卵形，长宽近相等，顶端渐尖，基部心形，全缘或浅波状，常具浅裂 3，侧脉 4-6 对，基部掌状脉 5-7。顶生圆锥花序；花萼蕾时圆球形，具唇开裂 1，花冠钟状，淡黄色，内面具黄色条纹 1 及紫色斑点，能育雄蕊 2，花丝插生于花冠筒上，花药叉开，退化雄蕊 3，子房上位，棒状，花柱丝形，柱头 2 裂。蒴果线形，下垂，长 20-30 厘米。种子长椭圆形，两端具有平展的长毛。花期 5-6 月；果期 7-8 月。

木材白色稍软，适于家具、乐器用；叶、根内白皮药用，有利尿作用；速生树种，可作行道树。

75 桔梗科 Campanulaceae ｜ 沙参属 **Adenophora** Fisch.

展枝沙参 **Adenophora divaricata** Franch. et Sav.

多年生草本，有白色乳汁。根圆柱形。茎高 30-80 厘米。茎生叶 3-4 轮生，叶菱状卵形、狭卵形或狭矩圆形，边缘有锐锯齿。圆锥花序，常为宽金字塔状，分枝长而几乎平展，分枝部分轮生或全部轮生；花下垂，花冠蓝紫色，钟状，雄蕊 5，子房下位，花柱与花冠近等长。蒴果卵圆形或圆锥形。花期 7-8 月；果期 9-10 月。

根药用，有养阴清肺、化痰生津的功效。

石沙参　**Adenophora polyantha** Nakai

　　多年生草本。根圆锥形。茎直立，高 20-100 厘米。基生叶心状肾形，边缘具不规则粗锯齿，基部沿叶柄下延；茎生叶完全无柄，卵形至披针形，极少为披针状条形，边缘具疏离而三角形的尖锯齿或几乎为刺状的齿。花序常不分枝而成假总状花序；花冠紫色或深蓝色，钟状，喉部常稍稍收缢，裂片短，花柱常稍稍伸出花冠，有时在花大时与花冠近等长。蒴果卵状椭圆形。种子黄棕色，卵状椭圆形，稍扁，有带翅的棱 1。花果期 8-10 月。

　　根药用，有养阴清肺、化痰生津的功效。

轮叶沙参　**Adenophora tetraphylla** (Thunb.) Fisch. 南沙参，四叶沙参

　　茎高大，可达 1.5 米，不分枝。茎生叶 3-6 枚轮生，叶卵圆形至条状披针形，长 2-14 厘米，边缘有锯齿。花序狭圆锥状，花序分枝（聚伞花序）大多轮生，生数朵花或单花；花萼筒部倒圆锥状，裂片钻状，全缘，花冠筒状细钟形，口部稍缢缩，蓝色、蓝紫色，长 7-11 毫米，裂片短，花盘细管状，长 2-4 毫米，花柱长约 20 毫米，明显伸出花冠。蒴果球状圆锥形或卵圆状圆锥形。种子黄棕色，矩圆状圆锥形，稍扁，有棱 1。花期 7-9 月；果期 9-10 月。

　　根药用，有养阴清肺、化痰生津的功效。

荠苨　**Adenophora trachelioides** Maxim. 杏叶沙参，心叶沙参，老母鸡肉

　　多年生草本，有白色乳汁。根粗大，长圆锥形或圆柱形。茎高 70-100 厘米。叶互生，心状卵形或三角状卵形，下部叶的基部心形，上部叶的基部浅心形或近截形，边缘有不整齐的牙齿。圆锥花序，分枝近平展；花萼无毛，裂片 5，三角状披针形，花冠蓝色，钟状，浅裂 5，雄蕊 5，花丝下部变宽，子房下位，花柱与花冠近等长。蒴果卵状圆锥形。种子黄棕色，两端黑色，长矩圆状。花期 7-9 月；果期 9-10 月。

　　根药用，有滋阴清肺、祛痰止咳的功效。

党参属 Codonopsis Wall.

羊乳 Codonopsis lanceolata (Sieb. et Zucc.) Trautv. 四叶参

多年生草质藤本，有白色乳汁。根肥大，肉质，呈纺锤状。叶在主茎上的互生，披针形或菱状狭卵形；在小枝顶端通常 2-4 叶簇生，近于对生或轮生状；叶菱状卵形、狭卵形或椭圆形，顶端尖或钝，基部渐狭，通常全缘或有疏波状锯齿。花单生或对生于小枝顶端；花萼贴生至子房中部，筒部半球状，花冠阔钟状，浅裂，裂片三角状，反卷，子房下位。蒴果下部半球状，上部有喙。种子多数，卵形，棕色。花果期 7-8 月。

根药用，有清热解毒、祛痰镇咳、强壮滋补的功效。

半边莲属 Lobelia L.

山梗菜 Lobelia sessilifolia Lamb.

多年生草本，高 60-120 厘米。茎圆柱状，通常不分枝。叶无柄；螺旋状排列，茎上部较密集，厚纸质，叶宽披针形至条状披针形，边缘有细锯齿，先端渐尖，基部近圆形至阔楔形。总状花序顶生；苞片叶状，窄披针形，比花短；花萼筒杯状钟形，裂片三角状披针形，花冠蓝紫色，近二唇形，上唇裂片 2 长匙形，下唇裂片椭圆形，雄蕊在基部以上连合成筒，花药管长 3-4 毫米，花药接合线上密生柔毛，仅下方花药 2 顶端生笔毛状髯毛。蒴果倒卵状。种子近半圆状，一边厚，一边薄，棕红色。花果期 7-9 月。

根、叶或全草入药；有小毒；宣肺化痰、清热解毒、利尿消肿，可作利尿、催吐、泻下剂，也治毒蛇咬伤；又供观赏。

桔梗属 Platycodon A. DC.

桔梗 Platycodon grandiflorus (Jacq.) A. DC. 包袱花

多年生草本，有白色乳汁。茎高 20-120 厘米。叶轮生或互生，卵形、卵状椭圆形至披针形，基部宽楔形至圆钝，顶端急尖，边缘具细锯齿。花单朵顶生，或数朵集成假总状花序，或有花序分枝而集成圆锥花序；花萼筒部半圆球状或圆球状倒锥形，被白粉，裂片三角形，或狭三角形，花冠大，蓝色或紫色。蒴果球状，或球状倒圆锥形，或倒卵状。花期 7-9 月；果期 8-10 月。

根药用，含桔梗皂苷，有止咳、祛痰、消炎（治肋膜炎）等。

76　茜草科 Rubiaceae ｜ 拉拉藤属 Galium L.

猪殃殃 Galium aparine L. var. tenerum (Gren. et Godr.) Rch　FOC 已修订为 Galium spurium L.

　　多枝、蔓生或攀缘状草本，通常高 30-90 厘米。茎有棱 4，棱上、叶缘、叶脉上均有倒生的小刺毛。叶纸质或近膜质，6-8（稀 4-5）轮生，带状倒披针形或长圆状倒披针形，顶端有针状凸尖头，基部渐狭，两面常有紧贴的刺状毛。聚伞花序腋生或顶生，少至多花，花小，4 数；花萼被钩毛，萼檐近截平，花冠黄绿色或白色，辐状，裂片长圆形，镊合状排列，子房花柱裂 2 至中部，柱头头状。果有近球状的分果爿 1-2，肿胀，密被钩毛，果柄直，每一爿有平凸的种子 1。花期 3-7 月；果期 4-11 月。

　　全草药用，清热解毒，消肿止痛，利尿，散瘀；治淋浊、尿血、跌打损伤、肠痈、疖肿、中耳炎等。

四叶葎 Galium bungei Steud　FOC 中文名为四叶律

　　多年生丛生直立草本，高 5-50 厘米。茎有棱 4。纸质叶 4 轮生，叶形变化较大，常在同一株内上部与下部的叶形均不同，卵状长圆形、卵状披针形、披针状长圆形或线状披针形，顶端尖或稍钝，基部楔形，中脉和边缘常有刺状硬毛，有时两面亦有糙伏毛。聚伞花序顶生和腋生，常 3 歧分枝，再形成圆锥状花序；花冠黄绿色或白色，辐状，花冠裂片卵形或长圆形。果爿近球状，通常双生，有小疣点、小鳞片或短钩毛。花期 4-9 月；果期 5 月至翌年 1 月。

　　全草药用，清热解毒、利尿、消肿；治尿路感染、赤白带下、痢疾、痈肿、跌打损伤。

异叶轮草　Galium maximowiczii (Kom.) Pobed. 车叶草

多年生草本，高 0.3-1 米。茎直立，具 4 角棱。纸质叶 4-8 轮生，长圆形、椭圆形、卵形或卵状披针形，顶端钝圆，基部短尖或渐狭成短柄，通常脉 3（稀 4-5）。聚伞花序顶生和生于上部叶腋，疏散，再组成大而开展的顶生圆锥花序；花序轴长；花多而稍疏，花冠白色，钟状，裂片 4，长圆形，顶端钝，雄蕊具短的花丝，着生在冠管的中部，花柱短，顶端深裂 2，柱头球形。果有小颗粒状凸起，果爿近球形，双生或单生。花期 6-7 月；果期 7-10 月。

蓬子菜　Galium verum L.

多年生近直立草本，基部稍木质，高 25-45 厘米。茎有 4 角棱，被短柔毛或秕糠状毛。纸质叶 6-10 轮生，线形，顶端短尖，边缘极反卷，常卷成管状。聚伞花序顶生和腋生，较大，多花，通常在枝顶结成带叶的长可达 15 厘米、宽可达 12 厘米的圆锥花序状；花小，稠密，花冠黄色，辐状，无毛，花冠裂片卵形或长圆形，顶端稍钝，长约 1.5 毫米，花药黄色。果小，果爿双生，近球状。花期 4-8 月；果期 5-10 月。

鸡矢藤属 Paederia L.

鸡矢藤 Paederia scandens (Lour.) Merr.　FOC 已修订为 **Paederia foetida** L.

　　藤本。叶对生，纸质或近革质，形状变化很大，卵形、卵状长圆形至披针形，顶端急尖或渐尖，基部楔形或近圆或截平，有时浅心形。圆锥花序式的聚伞花序腋生和顶生，扩展，分枝对生，末次分枝上着生的花常呈蝎尾状排列；小苞片披针形；花冠浅紫色，顶部裂 5，顶端急尖而直，花药背着，花丝长短不齐。果球形，成熟时近黄色。花期 6-7 月；果期 9-10 月。

　　根药用，行血舒筋活络；外用治皮炎、湿疹、疮疡肿毒。

罗艳 摄

茜草属 Rubia L.

茜草 Rubia cordifolia L.

　　多年生草质攀缘藤本。茎数至多条，细长，方柱形，有 4 棱，棱上生倒生皮刺。通常叶 4 轮生，纸质，披针形或长圆状披针形，顶端渐尖，有时钝尖，基部心形，边缘有齿状皮刺，两面粗糙，脉上有微小皮刺；叶柄有倒生皮刺。聚伞花序腋生和顶生，多回分枝，有花 10 余至数十；花冠淡黄色，花冠裂片近卵形，微伸展。果球形，成熟时橘黄色。花期 8-9 月；果期 10-11 月。

　　根供药用，有凉血、止血、活血祛瘀的功效。

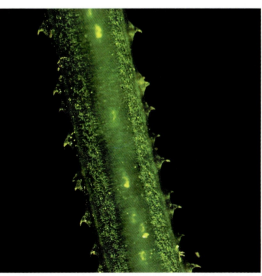

山东茜草 *Rubia truppeliana* Loes.

　　草本，长达2米，匍匐或缠绕。茎分枝，四棱形，被倒生皮刺。叶6或8轮生，很少4轮生，叶片膜质或近纸质，披针形、狭卵状披针形至线状披针形，顶端短尖或短渐尖，基部楔形或短尖，边缘有皮刺，下面主脉上有皮刺，基出脉3，侧生的一对不很明显；叶柄有小皮刺。花序圆锥状顶生，单生；萼管球形，花冠辐状，裂片卵状三角形，雄蕊长约为花瓣之半，花药与分离花丝的部分近等长。果球形，成熟时蓝黑色。花期7-8月。

77　忍冬科 Caprifoliaceae ｜ 忍冬属 Lonicera L.

苦糖果 *Lonicera fragrantissima* Lindl. et Paxt. subsp. *standishii* (Carr.) Hsu et H. J. Wang
FOC 已修订为 **Lonicera fragrantissima** Lindl. et Paxt. var. **lancifolia** (Rehder) Q. E. Yang Landrein, Borosova et J. Osborne

罗艳 摄

　　落叶灌木。小枝和叶柄有时具短糙毛。叶卵形、椭圆形或卵状披针形，呈披针形或近卵形，通常两面被刚伏毛及短腺毛或至少下面中脉被刚伏毛，有时中脉下部或基部两侧夹杂短糙毛。花冠白色或淡红色，花柱下部疏生糙毛。果实鲜红色，矩圆形，长约1厘米，部分连合。花期1-4月；果期5-6月。

忍冬 **Lonicera japonica** Thunb. 金银花

　　半常绿藤本。叶纸质，卵形至矩圆状卵形，有时卵状披针形，稀圆卵形或倒卵形，顶端尖或渐尖，少有钝、圆或微凹缺，基部圆或近心形，有糙缘毛，小枝上部叶通常两面均密被短糙毛。花冠白色，有时基部向阳面呈微红，后变黄色，唇形，外上唇裂片顶端钝形，下唇带状而反曲，雄蕊和花柱均高出花冠。果实圆形，熟时蓝黑色，有光泽。种子卵圆形或椭圆形，褐色。花期 4-6 月；果期 10-11 月。

　　金银花性甘寒，功能清热解毒、消炎退肿，对细菌性痢疾和各种化脓性疾病都有效。

金银忍冬 **Lonicera maackii** (Rupr.) Maxim. 金银木

　　落叶灌木，高达 6 米。幼枝、叶两面脉上、叶柄、苞片、小苞片及萼檐外面都被短柔毛和微腺毛。叶纸质，形状变化较大，通常卵状椭圆形至卵状披针形，稀矩圆状披针形或倒卵状矩圆形，顶端渐尖或长渐尖，基部宽楔形至圆形。花芳香，生于幼枝叶腋，花冠先白色后变黄色，唇形，雄蕊与花柱长约达花冠的 2/3。果实暗红色，圆形。种子具蜂窝状微小浅凹点。花期 5-6 月；果期 8-10 月。

　　茎皮可制人造棉；花可提取芳香油；种子榨成的油可制肥皂。

华北忍冬 Lonicera tatarinowii Maxim.

　　落叶灌木，高达 2 米。叶矩圆状披针形或矩圆形，顶端尖至渐尖，基部阔楔形至圆形。杯状小苞长为萼筒的 1/5-1/3；相邻两萼筒合生至中部以上，很少完全分离，花冠黑紫色，唇形，上唇两侧裂深达全长的 1/2，中裂较短，下唇舌状，雄蕊生于花冠喉部，约与唇瓣等长。果实红色，近圆形。种子褐色，矩圆形或近圆形，表面颗粒状而粗糙。花期 5-6 月；果期 8-9 月。

　　良好的观赏树种。

接骨木属 Sambucus L.

接骨木 Sambucus williamsii Hance

　　落叶灌木或小乔木，高 5-6 米。老枝淡红褐色。羽状复叶有小叶 2-3 对；侧生小叶片卵圆形、狭椭圆形至倒矩圆状披针形，顶端尖、渐尖至尾尖，边缘具不整齐锯齿，有时基部或中部以下具腺齿 1 至数枚，基部楔形或圆形，有时心形，两侧不对称；顶生小叶卵形或倒卵形，顶端渐尖或尾尖，基部楔形；叶搓揉后有臭气。花与叶同出，圆锥形聚伞花序顶生，花小而密；萼筒杯状，萼齿三角状披针形，花冠蕾时带粉红色，开后白色或淡黄色。果实红色，极少蓝紫黑色，卵圆形或近圆形。花期一般 4-5 月；果期 9-10 月。

　　茎、根皮及叶供药用，有舒筋活血、阵痛止血、清热解毒的功效，主治骨折、跌打损伤、烫火伤等；亦为观赏植物。

荚蒾属 Viburnum L.

宜昌荚蒾 Viburnum erosum Thunb.

　　落叶灌木，高达 3 米。叶纸质，形状变化很大，卵状披针形、卵状矩圆形、狭卵形、椭圆形或倒卵形，顶端尖、渐尖或急渐尖，基部圆形、宽楔形或微心形，边缘有波状小尖齿，下面密被由簇状毛组成的绒毛。复伞式聚伞花序；花冠白色，辐状，直径约 6 毫米，花柱高出萼齿。果实红色，宽卵圆形；核扁。花期 4-5 月；果期 8-10 月。

　　种子榨油可制肥皂及润滑油；叶、根药用；庭园观赏植物。

鸡树条 Viburnum opulus L. var. calvescens (Rehd.) Hara 天目琼花

　　落叶灌木，高 1.5-4 米。叶轮廓圆卵形至广卵形或倒卵形，通常 3 裂，具掌状 3 出脉，基部圆形、截形或浅心形，裂片顶端渐尖，边缘具不整齐粗齿，侧裂片略向外开展。复伞式聚伞花序直径 5-10 厘米；周围有大型的不孕花，不孕花白色；花冠白色，辐状，雄蕊长至少为花冠的 1.5 倍，花药黄白色。果实红色，近圆形；核扁，近圆形，灰白色，稍粗糙。花期 5-6 月；果期 9-10 月。

　　嫩枝、叶和果实供药用，有消肿、止痛止咳的功效；种子含油可制肥皂和润滑油；皮纤维可制绳索；也是庭院绿化优良树种。

锦带花属 Weigela Thunb.

锦带花 Weigela florida (Bge.) A. DC.

　　落叶灌木，高 1-3 米。树皮灰色。叶矩圆形、椭圆形至倒卵状椭圆形，顶端渐尖，基部阔楔形至圆形，边缘有锯齿。花单生或成聚伞花序生于侧生短枝的叶腋或枝顶；萼筒长圆柱形，萼齿长约 1 厘米，深达萼檐中部，花冠紫红色或玫瑰红色，裂片不整齐，开展，内面浅红色，花丝短于花冠，花药黄色，子房上部的腺体黄绿色。果实顶有短柄状喙。花期 4-6 月。

　　花美丽，供观赏；对氯化氢有毒气体抵抗性强，可做工矿区绿化树种。

78　败酱科 Valerianaceae ｜ 败酱属 Patrinia Juss.

墓头回 Patrinia heterophylla Bge. 异叶败酱　　FOC 中文名为墓回头

　　多年生草本，高 30-80 厘米。茎直立，被倒生微糙伏毛。基生叶丛生，具长柄，叶边缘圆齿状或具糙齿状缺刻，不分裂或羽状分裂至全裂，顶生裂片常较大，卵形至卵状披针形；茎生叶对生，茎下部叶常 2-6 对羽状全裂，顶生裂片较侧裂片稍大，中部叶常具 1-2 对侧裂片。顶生伞房状聚伞花序；总花梗下苞叶常具 1 或 2 对线形裂片；花黄色，花冠钟形，雄蕊 4 伸出，子房倒卵形或长圆形，花柱稍弯曲。瘦果长圆形或倒卵形；翅状果苞干膜质。花期 7-9 月；果期 8-10 月。

　　根含挥发油，根茎和根供药用，药名"墓头回"，能燥湿，止血；主治崩漏、赤白带，民间并用以治疗子宫癌和子宫颈癌。

少蕊败酱 **Patrinia monandra** C. B. Clarke

二年生或多年生草本，高达150厘米。单叶对生，长圆形，不分裂或大头羽状深裂，下部有1-3对侧生裂片，边缘具粗圆齿或钝齿，两面疏被糙毛。聚伞圆锥花序顶生及腋生，常聚生于枝端成宽大的伞房状；花冠漏斗形，淡黄色，或同一花序中有淡黄色和白色花，卵形、宽卵形或卵状长圆形，雄蕊1-3，极少4，其中常有1枚最长，伸出花冠外。瘦果卵圆形；果苞薄膜质，近圆形至阔卵形。花期8-9月；果期9-10月。

全草及根部药用，有清热解毒、排脓消肿、活血祛瘀的功效。

败酱 **Patrinia scabiosaefolia** Link 黄花龙牙

多年生草本，高30-100厘米。茎直立。基生叶丛生，花时枯落，卵形、椭圆形或椭圆状披针形，不分裂或羽状分裂或全裂，顶端钝或尖，基部楔形，边缘具粗锯齿；茎生叶对生，宽卵形至披针形，常羽状深裂或全裂具2-5对侧裂片，裂片具粗锯齿。花序为聚伞花序组成的大型伞房花序，顶生，具5-7级分枝；花冠钟形，黄色，花冠裂片卵形，雄蕊4。瘦果长圆形，具棱3，内含椭圆形扁平种子1。花期7-9月。

全草（药材名：败酱草）和根茎及根入药，能清热解毒、消肿排脓、活血祛瘀，治慢性阑尾炎，疗效极显；山东、江西等地民间采摘幼苗嫩叶食用。

缬草属 Valeriana L.

缬草 Valeriana officinalis L.

多年生高大草本，高 100-150 厘米。根状茎粗短呈头状，茎中空。茎生叶卵形至宽卵形，羽状深裂；中央裂片与两侧裂片近同形同大小，裂片披针形或条形，顶端渐窄，基部下延，全缘或有疏锯齿。花序顶生，成伞房状三出聚伞圆锥花序；花冠淡紫红色或白色，花冠裂片椭圆形，雌雄蕊约与花冠等长。瘦果长卵形。花期 5-7 月；果期 6-10 月。

根状茎及根药用，有祛风除湿、镇痉止痛的功效。

79　菊科 Asteraceae　｜　蒿属 Artemisia L.

艾 Artemisia argyi Levl. et Van.

多年生草本或略成半灌木状，植株有浓烈香气。茎高 80-150 厘米，茎、枝均被灰色蛛丝状柔毛。叶厚纸质，上面被灰白色短柔毛，并有白色腺点与小凹点，背面密被灰白色蛛丝状密绒毛；茎下部叶近圆形或宽卵形，羽状深裂，每侧具裂片 2-3，裂片椭圆形或倒卵状长椭圆形；中部叶卵形、三角状卵形或近菱形，一回至二回羽状深裂至半裂，裂片卵形、卵状披针形或披针形；上部叶与苞片叶羽状半裂、浅裂或深裂 3 或浅裂 3，或不分裂。头状花序椭圆形，在分枝上排成小型的穗状花序或复穗状花序；总苞片 3-4 层，覆瓦状排列；雌花 6-10，花冠紫色，两性花 8-12，花冠檐部紫色。瘦果长卵形或长圆形。花果期 7-10 月。

全草入药，有温经、去湿、散寒、止血、消炎、平喘、止咳、安胎、抗过敏等作用。

茵陈蒿 Artemisia capillaris Thunb.

多年生半灌木状草本，植株有浓烈的香气。茎高 40-120 厘米或更长，茎、枝初时密生灰白色或灰黄色绢质柔毛，后渐稀疏或脱落无毛。营养枝端有密集叶丛，基生叶密集着生，常成莲座状；基生叶、茎下部叶与营养枝叶两面均被棕黄色或灰黄色绢质柔毛，后期茎下部叶被毛脱落，叶卵圆形或卵状椭圆形，二回至三回羽状全裂；中部叶宽卵形、近圆形或卵圆形，一回至二回羽状全裂，小裂片狭线形或丝线形；上部叶与苞片叶羽状全裂 5 或 3，基部裂片半抱茎。头状花序卵球形，稀近球形，常排成复总状花序，并在茎上端组成大型、开展的圆锥花序；总苞片 3-4 层；雌花 6-10；两性花 3-7，不孕育。瘦果长圆形或长卵形。花果期 7-10 月。

幼苗供药用，能清湿热、利肝胆，为治疗黄疸性肝炎的要药。

南牡蒿 **Artemisia eriopoda** Bge.

多年生草本。茎通常单生，高30-80厘米。叶纸质，基生叶与茎下部叶近圆形、宽卵形或倒卵形，一回至二回大头羽状深裂或全裂或不分裂，仅边缘具数枚疏锯齿，分裂叶裂片倒卵形、近匙形或宽楔形，裂片先端至边缘具规则或不规则的深裂片或浅裂片，并有锯齿，叶基部渐狭，宽楔形；中部叶近圆形或宽卵形，一回至二回羽状深裂或全裂，裂片椭圆形或近匙形，先端具3深裂或浅裂齿或全缘，叶基部宽楔形；上部叶渐小，卵形或长卵形，羽状全裂。头状花序多数，宽卵形或近球形，在茎端、分枝上半部及小枝上排成穗状花序或穗状花序式的总状花序，并在茎上组成开展、稍大型的圆锥花序；总苞片3-4层；雌花4-8；两性花6-10，不孕育。瘦果长圆形。花果期6-11月。

入药有祛风、去湿、解毒之效；亦作青蒿（即黄花蒿）的代用品。

牡蒿 **Artemisia japonica** Thunb.

多年生草本，植株有香气。茎高50-80厘米。叶纸质；基生叶与茎下部叶倒卵形或宽匙形，自叶上端斜向基部羽状深裂或半裂，裂片上端常有缺齿或无缺齿；中部叶匙形，上端有3-5斜向基部的浅裂片或为深裂片，每裂片的上端有小锯齿2-3或无锯齿，叶基部楔形，渐狭窄；上部叶小，上端具3浅裂或不分裂。头状花序多数，卵球形或近球形，在分枝上通常排成穗状花序，并在茎上组成狭窄或中等开展的圆锥花序；总苞片3-4层；雌花3-8，檐部具2-3裂齿；两性花5-10，不孕育。瘦果小，倒卵形。花果期7-10月。

含挥发油；全草入药，有清热、解毒、消暑、去湿、止血、消炎、散瘀之效；又代"青蒿"（即黄花蒿）用，或作土农药等；嫩叶作菜蔬，又作家畜饲料。

菴闾 **Artemisia keiskeana** Miq.　　**FOC** 中文名为无齿蒌蒿

多年生半灌木状草本。茎多数，常成丛，高 30-100 厘米。叶纸质；基生叶成莲座状排列，基生叶、茎下部叶及营养枝叶倒卵形或宽楔形，先端圆，中部以上边缘具数枚粗而尖的浅锯齿，基部楔形，渐狭窄成柄；中部叶倒卵形、卵状椭圆形或倒卵状匙形，先端钝尖，中部以上边缘具数枚疏锯齿或浅裂齿，齿端尖锐，基部渐狭，楔形；上部叶小，卵形或椭圆形，先端钝，全缘或上半部有数枚小齿裂。头状花序近球形，在分枝上排成总状或复总状花序，并在茎上组成狭窄或疏而稍开展的圆锥花序，花后头状花序下垂；总苞片 3-4 层；雌花 6-10，两性花 13-18。瘦果卵状椭圆形，略压扁。花果期 8-11 月。

全草入药，有止血、消炎、驱风、活络之效。

矮蒿 **Artemisia lancea** Van.

多年生草本。茎多数，高 80-150 厘米。基生叶与茎下部叶卵圆形，二回羽状全裂，每侧有裂片 3-4，中部裂片再次羽状深裂，每侧具小裂片 2-3，小裂片线状披针形或线形；中部叶长卵形或椭圆状卵形，一回至二回羽状全裂。头状花序多数，卵形或长卵形，在分枝上端或小枝上排成穗状花序或复穗状花序，而在茎上端组成狭长或稍开展的圆锥花序；总苞片 3 层，覆瓦状排列；雌花 1-3，两性花 2-5。瘦果小，长圆形。花果期 8-10 月。

含挥发油；民间作"艾"（家艾）与"茵陈"的代用品，有散寒、温经、止血、安胎、清热、祛湿、消炎、驱虫之功效。

野艾蒿 Artemisia lavandulaefolia DC.

多年生草本，有时为半灌木状，植株有香气。茎高 50-120 厘米；茎、枝被灰白色蛛丝状短柔毛。叶纸质，叶面绿色，具密集白色腺点及小凹点，叶背除中脉外密被灰白色密绵毛；基生叶与茎下部叶宽卵形或近圆形，二回羽状全裂或第一回全裂，第二回深裂；中部叶卵形、长圆形或近圆形，一回至二回羽状全裂或第二回为深裂，裂片椭圆形或长卵形；上部叶羽状全裂。头状花序极多数，椭圆形或长圆形，在分枝的上半部排成密穗状或复穗状花序；总苞片 3-4 层；雌花 4-9，檐部具裂齿 2，紫红色；两性花 10-20，檐部紫红色。瘦果长卵形或倒卵形。花果期 8-10 月。

入药，作"艾"的代用品，有散寒、祛湿、温经、止血作用；嫩苗作菜蔬或腌制酱菜食用；鲜草作饲料。

魁蒿 Artemisia princeps Pamp.

多年生草本。茎高 60-150 厘米。叶厚纸质或纸质，叶面深绿色，叶背密被灰白色蛛丝状绒毛；下部叶卵形或长卵形，一回至二回羽状深裂，每侧有裂片 2，裂片长圆形或长圆状椭圆形；中部叶卵形或卵状椭圆形，羽状深裂或半裂；上部叶小，羽状深裂或半裂。头状花序在分枝上排成穗状或穗状花序式的总状花序，而在茎上组成开展或中等开展的圆锥花序；总苞片 3-4 层，覆瓦状排列；雌花 5-7，两性花 4-9。瘦果椭圆形或倒卵状椭圆形。花果期 7-11 月。

含挥发油；民间入药，作"艾"的代用品，有逐寒湿、理气血、调经、安胎、止血、消炎的功效。

红足蒿 **Artemisia rubripes** Nakai

多年生草本。茎高 75-180 厘米。叶纸质；营养枝叶与茎下部叶近圆形或宽卵形，二回羽状全裂或深裂；中部叶卵形、长卵形或宽卵形，一回至二回羽状分裂，第一回全裂，每侧裂片 3-4，裂片披针形、线状披针形或线形，再次羽状深裂或全裂；上部叶羽状全裂。头状花序小，椭圆状卵形或长卵形，在分枝的上半部或分枝的小枝上排成密穗状花序，并在茎上组成开展或中等开展的圆锥花序；总苞片 3 层；雌花 9-10；两性花 12-14，紫红色或黄色。瘦果小，狭卵形，略扁。花果期 8-10 月。

入药作"艾"的代用品，有温经、散寒、止血作用。

白莲蒿 **Artemisia sacrorum** Ledeb. FOC 已修订为 **Artemisia gmelinii** Weber ex Stechm. var. **gmelinii**

半灌木状草本。茎多数，常组成小丛，高 50-150 厘米，下部木质，皮常剥裂或脱落，分枝多而长。茎下部与中部叶长卵形、三角状卵形或长椭圆状卵形，二回至三回栉齿状羽状分裂，第一回全裂，裂片椭圆形或长椭圆形，每裂片再次羽状全裂，小裂片栉齿状披针形或线状披针形，每侧具数枚细小三角形的栉齿或小裂片短小成栉齿状；上部叶略小，一回至二回栉齿状羽状分裂。头状花序近球形，下垂，直径 2-4 毫米，具短梗或近无梗，在分枝上排成穗状花序式的总状花序，并在茎上组成密集或略开展的圆锥花序；总苞片 3-4 层；雌花 10-12，两性花 20-40。瘦果狭椭圆状卵形或狭圆锥形。花果期 8-10 月。

含挥发油；民间入药，有清热、解毒、祛风、利湿之效，可作"茵陈"代用品，又作止血药；牧区作牲畜的饲料。

阴地蒿 Artemisia sylvatica Maxim.

多年生草本，植株有香气。茎直立，高80-130厘米。叶薄纸质或纸质；茎下部叶具长柄，叶片卵形或宽卵形，二回羽状深裂；中部叶具柄，叶卵形或长卵形，一回至二回羽状深裂，每侧有裂片2-3，再次3-5深裂或浅裂或不分裂；上部叶小，羽状深裂或近全裂，每侧有裂片1-2。头状花序多数，近球形或宽卵形，下垂；在分枝的小枝上排成穗状花序式的一总状花序，而在分枝上排成复总状花序，在茎上常再组成疏松、开展、具多级分枝的圆锥花序；雌花4-7。瘦果小，狭卵形或狭倒卵形。花果期9-10月。

紫菀属 Aster L.

三脉紫菀 Aster ageratoides Turcz.

多年生草本。根状茎粗壮。茎直立，高40-100厘米。全部叶纸质，叶面被短糙毛，叶背浅色被短柔毛常有腺点，有离基3出脉，侧脉3-4对；下部叶叶片宽卵圆形，急狭成长柄；中部叶椭圆形或长圆状披针形，中部以上急狭成楔形具宽翅的柄，顶端渐尖，边缘有3-7对浅或深锯齿；上部叶渐小，有浅齿或全缘。头状花序径1.5-2厘米，排列成伞房或圆锥伞房状；总苞倒锥状或半球状，总苞片3层，覆瓦状排列；舌状花舌片线状长圆形，紫色，浅红色或白色；管状花黄色，冠毛浅红褐色或污白色。瘦果倒卵状长圆形，灰褐色。花果期7-12月。

全草药用，有清热解毒、止咳祛痰的功效。

钻叶紫菀 **Aster subulatus** Michx.　　FOC 已修订为 **Symphyotrichum subulatum** (Michx.) G. L. Nesom

一年生草本。茎直立，高 25-80 厘米。基部叶倒披针形，花后凋萎；茎中部叶条状披针形，长 6-10 厘米，全缘，无毛，无柄；上部叶渐狭窄成条形。头状花序小，径约 1 厘米，多数，排列成圆锥状；总苞钟状，总苞片 3-4 层，外层较短，内层较长，条状钻形，无毛，草质；舌状花细狭，舌片紫红色，与冠毛等长或稍长；管状花短于冠毛。瘦果略有毛。花果期 8-11 月。

苍术属 **Atractylodes** DC.

朝鲜苍术 **Atractylodes koreana** (Nakai) Kitam.

多年生草本。茎直立，多单生，高 25-50 厘米，不分枝或上部分枝。全部叶质地薄，纸质或稍厚而为厚纸质，顶端短渐尖或近急尖，边缘针刺状缘毛或三角形的细密刺齿或长针齿；中下部茎叶椭圆或长椭圆形，或披针形或卵状披针形，无柄，半抱茎或贴茎；上部叶与中下部茎叶同形，较小。头状花序单生茎端，不形成明显的花序式排列；总苞钟状或楔钟状，总苞片 6-7 层，外层及最外层卵形，中层椭圆形，最内层长倒披针形或线状倒披针形；小花白色。瘦果倒卵圆形。花果期 7-9 月。

鬼针草属 Bidens L.

金盏银盘 Bidens biternata (Lour.) Merr. et Sherff

一年生草本。茎直立，高 30-150 厘米，略具四棱。叶为一回羽状复叶；顶生小叶卵形至长圆状卵形或卵状披针形，先端渐尖，基部楔形，边缘具稍密且近于均匀的锯齿；侧生小叶 1-2 对，卵形或卵状长圆形；近顶部的一对稍小。头状花序；总苞外层苞片 8-10；舌状花通常 3-5，不育，舌片淡黄色，长椭圆形；盘花筒状，冠檐齿裂 5。瘦果条形，黑色，顶端具芒刺 3-4。

全草入药，有清热解毒、散瘀活血的功效，主治上呼吸道感染、咽喉肿痛、疟疾等；外用治疮疖、毒蛇咬伤、跌打肿痛。

大狼杷草 Bidens frondosa L.

一年生草本。茎直立，分枝，高 20-120 厘米。叶对生，具柄，为一回羽状复叶；小叶 3-5，披针形，先端渐尖，边缘有粗锯齿，至少顶生者具明显的柄。头状花序单生茎端和枝端；总苞钟状或半球形，外层苞片 5-10，通常 8，披针形或匙状倒披针形，叶状，边缘有缘毛；内层苞片长圆形，长 5-9 毫米，膜质，具淡黄色边缘；无舌状花或舌状花不发育，极不明显；筒状花两性。瘦果扁平，狭楔形，顶端具芒刺 2，有倒刺毛。

全草入药，有强壮、清热解毒的功效，主治体虚乏力、盗汗、咯血、痢疾、疳积、丹毒。

罗艳 摄

小花鬼针草 **Bidens parviflora** Willd.

一年生草本。茎高 20-90 厘米，中上部常为钝四方形。叶对生，叶片二回至三回羽状分裂，第一次分裂深达中肋，裂片再次羽状分裂，小裂片具粗齿 1-2 或再作第三回羽裂，最后一次裂片条形或条状披针形，先端锐尖，边缘稍向上反卷。总苞筒状，外层苞片 4-5，草质，内层苞片稀疏，常仅 1；无舌状花；盘花两性，6-12。瘦果条形，顶端具芒刺 2，有倒刺毛。

全草入药，有清热解毒、活血散瘀之效，主治感冒发热、咽喉肿痛、肠炎、阑尾炎、痔疮、跌打损伤、冻疮、毒蛇咬伤。

狼杷草 **Bidens tripartita** L.

一年生草本。茎高 20-150 厘米，圆柱状或具钝棱而稍呈四方形。叶对生；下部叶较小，不分裂，边缘具锯齿；中部叶具柄，长椭圆状披针形，不分裂（极少）或近基部浅裂成一对小裂片，通常深裂 3-5，裂深几达中肋，两侧裂片披针形至狭披针形，顶生裂片较大，披针形或长椭圆状披针形；上部叶较小，披针形，三裂或不分裂。头状花序单生茎端及枝端；总苞盘状，外层苞片 5-9，条形或匙状倒披针形；无舌状花，全为筒状两性花。瘦果扁，楔形或倒卵状楔形，顶端通常具芒刺 2。

全草入药，功效清热解毒；主治感冒、扁桃体炎、咽喉炎、肠炎、痢疾、肝炎、泌尿系感染、肺结核盗汗、闭经，外用治疖肿、湿疹、皮癣。

天名精属 Carpesium L.

烟管头草 Carpesium cernuum L.

多年生草本。茎高 50-100 厘米。茎下部叶较大，具长柄，下部具狭翅，叶长椭圆形或匙状长椭圆形，先端锐尖或钝，基部长渐狭下延，叶面绿色，被稍密的倒伏柔毛，叶背淡绿色，被白色长柔毛；中部叶椭圆形至长椭圆形，先端渐尖或锐尖，基部楔形；上部叶渐小，椭圆形至椭圆状披针形，近全缘。头状花序单生茎端及枝端，开花时下垂；苞叶多枚，大小不等，其中 2-3 枚较大，椭圆状披针形，两端渐狭，其余较小，稍长于总苞；总苞壳斗状，苞片 4 层，外层苞片通常反折。瘦果长 4-4.5 毫米。

全草入药。

石胡荽属 Centipeda Lour.

石胡荽 Centipeda minima (L.) A. Br. et Aschers. 鹅不食草

一年生小草本。茎多分枝，高 5-20 厘米，匍匐状。叶互生，楔状倒披针形，长 7-18 毫米，顶端钝，基部楔形，边缘有少数锯齿。头状花序扁球形，直径约 3 毫米，单生于叶腋，无花序梗；总苞半球形，总苞片 2 层，外层较大；边花雌性，多层；盘花两性，花冠顶端深裂 4，淡紫红色。瘦果椭圆形，长约 1 毫米，具 4 棱，无冠状冠毛。花果期 6-10 月。

即中草药"鹅不食草"，能通窍散寒、祛风利湿，散瘀消肿，主治鼻炎、跌打损伤等症。

蓟属 Cirsium Mill.

绿蓟 Cirsium chinense Gardn. et Champ.

多年生草本。茎直立，高 40-100 厘米，全部茎枝被多细胞长节毛。茎中部叶长椭圆形或长披针形或宽线形，羽状浅裂、半裂或深裂；全部侧裂片边缘有不等大刺齿 2-3，齿顶及齿缘有针刺；自中部向上的叶常不裂，边缘有针刺或有具针刺的齿痕。头状花序少数在茎枝顶端排成不规则的伞房花序；总苞卵球形，总苞片约 7 层，覆瓦状排列，向内层渐长，顶端急尖或短渐尖成针刺，全部或大部总苞片外面沿中脉有黑色黏腺；小花紫红色，花冠不等浅裂 5。瘦果楔状倒卵形，压扁。花果期 6-10 月。

根药用，活血祛瘀，止痛，用于功能性子宫出血、痛经等症。

蓟 Cirsium japonicum Fisch. ex DC. 大蓟   FOC 已修订为 Cirsium japonicum DC.

多年生草本。茎直立，30-150 厘米，被稠密或稀疏的多细胞长节毛。基生叶较大，全形卵形、长倒卵形、椭圆形或长椭圆形，羽状深裂或几全裂，柄翼边缘有针刺及刺齿；自基部向上叶渐小，与基生叶同形并等样分裂，但无柄，基部扩大半抱茎。头状花序直立；总苞钟状，总苞片约 6 层，覆瓦状排列，向内层渐长；小花红色或紫色，不等浅裂 5。瘦果压扁，偏斜楔状倒披针状；冠毛浅褐色。花果期 4-11 月。

全草药用，活血祛瘀、止血活血。

野蓟 **Cirsium maackii** Maxim.

多年生草本。茎直立，高 40-150 厘米。基生叶和茎下部叶轮廓长椭圆形、披针形或披针状椭圆形，向下渐狭成翼柄，柄基有时扩大半抱茎，羽状半裂、深裂或几全裂，全部侧裂片边缘具大形或小形三角形刺齿及缘毛状针刺，刺齿顶端有针刺；向上叶渐小。头状花序单生茎端，或在茎枝顶端排成伞房花序；总苞钟状，总苞片约 5 层，覆瓦状排列，全部苞片背面有黑色黏腺；小花紫红色。瘦果淡黄色，偏斜倒披针状，压扁。花果期 6-9 月。

全草药用，活血祛瘀、止血活血。

刺儿菜 **Cirsium segetum** (Willd.) MB. 小蓟   FOC 已修订为 **Cirsium arvense** var. **integrifolium Wimm**. et Grab.

多年生草本。茎直立。基生叶和茎中部叶椭圆形、长椭圆形或椭圆状倒披针形，顶端钝或圆形，基部楔形；茎上部叶渐小，椭圆形或披针形或线状披针形；全部茎叶叶缘有细密的针刺，针刺紧贴叶缘。头状花序单生茎端，或植株含少数或多数头状花序在茎枝顶端排成伞房花序；总苞卵形、长卵形或卵圆形，总苞片约 6 层，覆瓦状排列；小花紫红色或白色，雌花花冠长于两性花花冠。瘦果淡黄色，椭圆形或偏斜椭圆形，压扁；冠毛污白色。花果期 5-9 月。

全草药用，能凉血止血、散瘀消肿，用于高血压及妇女子宫出血和其他出血症。

大刺儿菜 **Cirsium setosum** (Willd.) MB. FOC 已修订为 **Cirsium arvense** var. **integrifolium** Wimm. et Grab.

与刺儿菜主要区别：植株高大，高达 100 厘米，叶多波状缘。

全草药用，功能同刺儿菜。

白酒草属 **Conyza** Less. FOC 已修订为 **Eschenbachia** Moench

香丝草 **Conyza bonariensis** (L.) Cronq. 野塘蒿 FOC 已修订为 **Erigeron bonariensis** L.

一年生草本。茎直立或斜升，高 20-50 厘米，全株密被短毛，杂有开展的疏长毛。叶密集；茎下部叶倒披针形或长圆状披针形，顶端尖或稍钝，基部渐狭成长柄，通常具粗齿或羽状浅裂；中部和上部叶具短柄或无柄，狭披针形或线形，中部叶具齿，上部叶全缘，两面均密被贴糙毛。头状花序在茎端排列成总状或总状圆锥花序；总苞椭圆状卵形，总苞片 2-3 层；花托稍平；雌花多层，白色，无舌片或顶端仅有细齿 3-4；两性花淡黄色，花冠上端具齿裂 5。瘦果线状披针形，扁压。花果期 5-10 月。

全草入药，治感冒、疟疾、急性关节炎及外伤出血等症。

小蓬草 **Conyza canadensis** (L.) Cronq.　　FOC 已修订为 **Erigeron canadensis** L.

一年生草本。茎直立，高 50-100 厘米。叶密集；茎下部叶倒披针形，顶端尖或渐尖，基部渐狭成柄，边缘具疏锯齿或全缘；中部和上部叶较小，线状披针形或线形，近无柄，全缘，两面或仅上面被疏短毛边缘常被上弯的硬缘毛。头状花序排列成顶生多分枝的大圆锥花序；总苞片 2-3 层；花托平；雌花多数，白色，舌片小；两性花淡黄色，花冠上端具齿裂 4-5。瘦果线状披针形，稍扁压；冠毛污白色。花果期 5-9 月。

嫩茎、叶可作猪饲料；全草入药消炎止血、祛风湿，治血尿、水肿、肝炎、胆囊炎、小儿头疮等症。

金鸡菊属 **Coreopsis** L.

大花金鸡菊 **Coreopsis grandiflora** Hogg. ex Sweet

多年生草本，高 20-100 厘米。茎直立。叶对生；基生叶有长柄、披针形或匙形；茎下部叶羽状全裂，裂片长圆形；中部及上部叶深裂 3-5，裂片线形或披针形，中裂片较大，两面及边缘有细毛。头状花序单生于枝端；总苞片外层较短，披针形，内层卵形或卵状披针形；舌状花 6-10，舌片宽大，黄色；管状花两性。瘦果广椭圆形或近圆形。花果期 5-9 月。

原产美洲的观赏植物。

菊属 **Dendranthema** (DC.) Des Moul.   FOC 已修订为 **Chrysanthemum** L.

小红菊 **Dendranthema chanetii** (Levl.) Shih   FOC 已修订为 **Chrysanthemum chanetii** H. Lév.

多年生草本，高 15-60 厘米。茎中部叶肾形、半圆形、近圆形或宽卵形，通常 3-5 掌状或掌式羽状浅裂或半裂；基生叶及茎下部叶与中部叶同形，但较小；上部叶椭圆形或长椭圆形；全部中下部叶基部稍心形或截形。头状花序在茎枝顶端排成疏松伞房花序，少有头状花序单生茎端的；总苞碟形，总苞片 4-5 层，全部苞片边缘白色或褐色膜质；舌状花白色、粉红色或紫色，舌片长 1.2-2.2 厘米，顶端齿裂 2-3。瘦果顶端斜截，下部收窄。花果期 7-10 月。

野菊 **Dendranthema indicum** (L.) Des Moul.   FOC 已修订为 **Chrysanthemum indicum** L.

多年生草本，高 0.25-1 米。茎枝被稀疏的毛，上部及花序枝上的毛稍多或较多。茎中部叶卵形、长卵形或椭圆状卵形，羽状半裂、浅裂或分裂不明显而边缘有浅锯齿，基部截形或稍心形或宽楔形。头状花序多数在茎枝顶端排成疏松的伞房圆锥花序或少数在茎顶排成伞房花序；总苞片约 5 层，全部苞片边缘白色或褐色宽膜质；舌状花黄色，舌片长 10-13 毫米，顶端全缘或齿 2-3。瘦果长 1.5-1.8 毫米。花果期 6-11 月。

野菊的叶、花及全草入药，味苦、辛、凉，清热解毒，疏风散热，散瘀，明目，降血压；野菊花的浸液对杀灭孑孓及蝇蛆也非常有效。

甘菊 Dendranthema lavandulifolium (Fisch. ex Trautv.) Ling & Shih
FOC 已修订为 **Chrysanthemum lavandulifolium** (Fisch. ex Trautv.) Makino

　　多年生草本，高 30-150 厘米。有地下匍匐茎；茎枝有稀疏的柔毛。基部叶和下部叶花期脱落；中部叶卵形、宽卵形或椭圆状卵形，二回羽状分裂，一回全裂或几全裂，二回为半裂或浅裂。头状花序直径 10-20 毫米，通常多数在茎枝顶端排成疏松或稍紧密的复伞房花序；总苞碟形，直径 5-7 毫米，总苞片约 5 层，外层线形或线状长圆形，中内层卵形、长椭圆形至倒披针形；舌状花黄色，舌片椭圆形。瘦果长 1.2-1.5 毫米。花果期 5-11 月。

紫花野菊 Dendranthema zawadskii (Herb.) Tzvel.   FOC 已修订为 **Chrysanthemum zawadskii** Herb.

　　多年生草本，高 15-50 厘米。有地下匍匐茎；茎直立，分枝斜升，开展；全部茎枝中下部紫红色。茎中下部叶卵形、宽卵形、宽卵状三角形，二回羽状分裂，一回为几全裂，侧裂片 2-3 对，二回为深裂或半裂，二回裂片三角形或斜三角形，顶端短尖；中下部叶有长 1-4 厘米的叶柄；上部叶小，长椭圆形，羽状深裂，或宽线形而不裂。头状花序通常 2-5 在茎枝顶端排成疏松伞房花序，极少单生；总苞浅碟状，总苞片 4 层；舌状花白色或紫红色，顶端全缘或微凹。瘦果长 1.8 毫米。花果期 7-9 月。

东风菜属 Doellingeria Nees

东风菜 Doellingeria scabr (Thunb.) Nees　　FOC 已修订为 Aster scaber Thunb.

　　多年生草本。根状茎粗壮。地上茎直立，高 100-150 厘米。基部叶心形，边缘有具小尖头的齿，顶端尖，基部急狭成柄；中部叶卵状三角形，基部圆形或稍截形，有具翅的短柄；上部叶小，矩圆披针形或条形；全部叶两面被微糙毛。头状花序圆锥伞房状排列；总苞半球形，总苞片约 3 层；舌状花约 10，舌片白色，条状矩圆形，檐部钟状。瘦果倒卵圆形或椭圆形；冠毛污黄白色。花期 6-10 月；果期 8-10 月。

　　根及全草药用，有清热解毒、祛风止痛的功效。

蓝刺头属 Echinops L.

华东蓝刺头 Echinops grijsii Hance

　　多年生草本，高 30-80 厘米。茎直立，全部茎枝被密厚的蛛丝状绵毛。叶质地薄，纸质；基部叶及下部叶有长叶柄，全形椭圆形、长椭圆形、长卵形或卵状披针形，羽状深裂，全部裂片边缘有均匀而细密的刺状缘毛；向上叶渐小；中部叶披针形或长椭圆形，与基部及下部叶等样分裂，无柄或有较短的柄；全部茎叶两面异色，叶面绿色，叶背白色或灰白色，被密厚的蛛丝状绵毛。复头状花序单生枝端或茎顶；全部苞片 24-28；花冠深裂 5。瘦果倒圆锥状，冠毛膜片线形。花果期 7-10 月。

　　根药用，能清热解毒、消痈肿、通乳；花序入药，能活血、发散。

鳢肠属 Eclipta L.

鳢肠 Eclipta prostrata (L.) L. 旱莲草

　　一年生草本。茎直立，斜升或平卧，高达60厘米，通常自基部分枝。叶长圆状披针形或披针形，有极短的柄，边缘有细锯齿，两面被密硬糙毛。头状花序总苞球状钟形，总苞片5-6，绿色草质，排成2层；外围的雌花2层，舌状；中央的两性花多数，花冠管状，白色，顶端齿裂4。瘦果暗褐色，雌花的瘦果三棱形，两性花的瘦果扁四棱形，顶端截形，基部稍缩小，边缘具白色的肋，表面有小瘤状突起。花期6-9月。

　　全草入药，有凉血、止血、消肿、强壮之功效。

飞蓬属 Erigeron L.

一年蓬 Erigeron annuus (L.) Pers.

　　一年生或二年生草本，高30-100厘米。基部叶花期枯萎，长圆形或宽卵形，顶端尖或钝，基部狭成具翅的长柄，边缘具粗齿；下部叶与基部叶同形；中部和上部叶较小，长圆状披针形或披针形，边缘有不规则的齿或近全缘；最上部叶线形；全部叶边缘被短硬毛，两面被疏短硬毛。头状花序数个或多数，排列成疏圆锥花序；总苞半球形，总苞片3层；外围的雌花舌状，2层，舌片平展，白色；中央的两性花管状，黄色。瘦果披针形；雄花冠毛极短，两性花冠毛2层。花期6-9月。

　　全草可入药，有治疟的良效。

泽兰属 Eupatorium L.

白头婆 Eupatorium japonicum Thunb.

多年生草本，高 50-150 厘米。叶对生；中部叶椭圆形或长椭圆形或卵状长椭圆形或披针形，基部宽或狭楔形，顶端渐尖，羽状脉，在下面突起；自中部向上及向下的叶渐小；基部叶花期枯萎；全部茎叶两面粗涩，被皱波状长或短柔毛及黄色腺点，边缘有粗或重粗锯齿。头状花序在茎顶或枝端排成紧密的伞房花序；总苞钟状，总苞片 3 层；花白色或带红紫色或粉红色，花冠长 5 毫米，外面有较稠密的黄色腺点。瘦果淡黑褐色，椭圆状；冠毛白色。花果期 6-11 月。

全草药用，性凉，消热消炎。

林泽兰 Eupatorium lindleyanum DC.

多年生草本，高 30-150 厘米。中部叶长椭圆状披针形或线状披针形，不分裂或 3 全裂，质厚，基部楔形，顶端急尖，出基脉 3，两面粗糙，被白色长或短粗毛及黄色腺点；自中部向上与向下的叶渐小；全部茎叶基出脉 3，边缘有深或浅犬齿，几乎无柄。头状花序多数在茎顶或枝端排成紧密的伞房花序，或排成大型的复伞房花序；总苞钟状，含小花 5，总苞片覆瓦状排列；花白色、粉红色或淡紫红色，花冠长 4.5 毫米，外面散生黄色腺点。瘦果黑褐色，椭圆状；冠毛白色。花果期 5-12 月。

枝叶入药，有发表祛湿、和中化湿之效。

牛膝菊属 Galinsoga Ruiz et Pav.

牛膝菊 Galinsoga parviflora Cav. 辣子草

一年生草本，高 10-80 厘米。茎纤细。叶对生，卵形或长椭圆状卵形，基部圆形、宽或狭楔形，顶端渐尖或钝，基出脉 3 或不明显出脉 5；向上及花序下部的叶渐小，通常披针形；全部茎叶两面粗涩，被白色稀疏贴伏的短柔毛，沿脉和叶柄上的毛较密。头状花序半球形，多数在茎枝顶端排成疏松的伞房花序；总苞半球形或宽钟状，总苞片 1-2 层；舌状花 4-5，舌片白色，顶端齿裂 3；管状花花冠黄色。瘦果 3 棱或中央的瘦果 4-5 棱，黑色或黑褐色。花果期 7-10 月。

全草药用，有止血、消炎之功效，对外伤出血、扁桃体炎、咽喉炎、急性黄疸型肝炎有一定的疗效。原产南美洲，在我国归化。

大丁草属 Gerbera Cass. FOC 已修订为火石花属 Leibnitzia Cass.

大丁草 Gerbera anandria (L.) Sch.-Bip. FOC 已修订为 Leibnitzia anandria (L.) Turcz.

多年生草本，植株具春秋二型之别。春型者根状茎短。叶基生，莲座状，叶形状多变异，通常为倒披针形或倒卵状长圆形，顶端钝圆，边缘具齿、深波状或琴状羽裂，叶面被蛛丝状毛或脱落近无毛，叶背密被蛛丝状绵毛。花葶单生或数个丛生；头状花序单生于花葶之顶；总苞片约 3 层；雌花花冠舌状，舌片长圆形，顶端具不整齐的齿 3 或有时钝圆，带紫红色，花冠管纤细，无退化雄蕊；两性花花冠管状二唇形。瘦果纺锤形；冠毛粗糙，污白色。秋型者植株较高，头状花序外层雌花管状二唇形，无舌片。花期春秋二季。

全草药用，有祛风湿、解毒的功效。

鼠麴草属 Gnaphalium L.

鼠麴草 Gnaphalium affine D. Don.   FOC 已修订为 **Pseudognaphalium affine** (D. Don.) Anderb.

一年生草本。茎直立，高 10-40 厘米或更高，全株被白色厚绵毛。叶无柄；匙状倒披针形或倒卵状匙形，基部渐狭，稍下延，顶端圆，具刺尖头。头状花序在枝顶密集成伞房花序，花黄色至淡黄色；总苞钟形，总苞片 2-3 层，金黄色或柠檬黄色，膜质，外层倒卵形或匙状倒卵形，内层长匙形；雌花多数，花冠齿裂 3；两性花较少，檐部浅裂 5。瘦果倒卵形或倒卵状圆柱形；冠毛粗糙，污白色。花期 4-5 月；果期 8-11 月。

茎叶入药，为镇咳、祛痰、治气喘和支气管炎以及非传染性溃疡、创伤之寻常用药，内服还有降血压疗效。

泥胡菜属 Hemisteptia Bge. ex Fisch. & C. A. Mey.

泥胡菜 Hemisteptia lyrata (Bge.) Fisch. et C. A. Mey.

一年生草本，高 30-100 厘米。基生叶与叶中下部茎长椭圆形或倒披针形；全部叶大头羽状深裂或几全裂，全部茎叶质地薄，两面异色，叶面绿色，无毛，叶背灰白色，被厚或薄绒毛。头状花序在茎枝顶端排成疏松伞房花序；总苞宽钟状或半球形，总苞片多层，覆瓦状排列，全部苞片质地薄，草质；小花紫色或红色。瘦果小，楔状或偏斜楔形，深褐色，压扁；冠毛异型，白色。花果期 3-8 月。

全草药用，清热解毒、消肿散结。

狗娃花属 Heteropappus Less.

阿尔泰狗娃花 Heteropappus altaicus (Willd.) Novopokr.   FOC 已修订为 Aster altaicus Willd.

多年生草本。有横走或垂直的根。茎直立，高 20-60 厘米。茎下部叶条形或矩圆状披针形、倒披针形或近匙形，全缘或有疏浅齿；上部叶渐狭小，条形；全部叶两面或下面被粗毛或细毛，常有腺点。头状花序单生枝端或排成伞房状；总苞半球形，总苞片 2-3 层，近等长或外层稍短，矩圆状披针形或条形；舌状花 20，舌片浅蓝紫色，矩圆状条形。有疏毛瘦果扁，倒卵状矩圆形；冠毛污白色或红褐色。花果期 5-9 月。

全草药用，有清热降火的功效。

旋覆花属 Inula L.

旋覆花 Inula japonica Thunb.

多年生草本。茎单生，直立，高 30-70 厘米。基部叶常较小，在花期枯萎；中部叶长圆形，长圆状披针形或披针形，基部多少狭窄，常有圆形半抱茎的小耳，无柄，顶端稍尖或渐尖，叶面有疏毛或近无毛，叶背有疏伏毛和腺点；上部叶渐狭小，线状披针形。头状花序多数或少数排列成疏散的伞房花序；总苞半球形，总苞片约 6 层，线状披针形，近等长；舌状花黄色，舌片线形；管状花花冠长约 5 毫米；冠毛 1 层，白色。瘦果顶端截形，被疏短毛。花期 6-10 月；果期 9-11 月。

供药用，根及叶治刀伤、疔毒，煎服可平喘镇咳；花是健胃祛痰药，也治胸膈痞满，胃部膨胀、嗳气、咳嗽、呕逆等。

线叶旋覆花 Inula lineariifolia Turcz.

多年生草本。茎直立，单生或2-3个簇生，高30-80厘米。基部叶和下部叶线状披针形，有时椭圆状披针形，下部渐狭成长柄，质较厚，叶背有腺点，被蛛丝状短柔毛或长伏毛；中部叶渐无柄；上部叶渐狭小，线状披针形至线形，边缘反卷。头状花序在枝端单生或3-5个排列成伞房状；总苞半球形，总苞片约4层，线状披针形；舌状花较总苞长2倍，舌片黄色，长圆状线形，长达10毫米；管状花有尖三角形裂片；冠毛1层，白色，与管状花花冠等长。子房和瘦果圆柱形。花期7-9月；果期8-10月。

柳叶旋覆花 Inula salicina L.

多年生草本。茎直立，高30-70厘米，全部有较密的叶。下部叶在花期常凋落，长圆状匙形；中部叶较大，稍直立，椭圆或长圆状披针形，基部稍狭，心形或有圆形小耳，半抱茎；上部叶较小。头状花序单生于茎或枝端，常为密集的苞状叶所围绕；总苞半球形，总苞片4-5，外层稍短，披针形或匙状长圆形，下部革质，顶端钝或尖，内层线状披针形，渐尖，上部背面有密毛；舌状花舌片黄色，线形；管状花有尖裂片；冠毛1层，白色或下部稍红色。瘦果有细沟及棱，无毛。花期7-9月；果期9-10月。

小苦荬属 Ixeridium (A. Gray) Tzvel.

中华小苦荬 Ixeridium chinense (Thunb.) Tzvel.
FOC 已修订为 Ixeris chinensis (Thunb.) Kitag. subsp. **chinensis**

多年生草本，高 5-40 厘米。基生叶长椭圆形、倒披针形、线形，顶端钝或急尖或向上渐窄，基部渐狭成有翼的短或长柄，全缘，或羽状浅裂、半裂或深裂；茎生叶 2-4，长披针形或长椭圆状披针形，边缘全缘，顶端渐狭，基部扩大，耳状抱茎。头状花序通常在茎枝顶端排成伞房花序，含舌状小花 21-25；总苞圆柱状；舌状小花黄色。瘦果褐色，长椭圆形，顶端急尖成细喙；冠毛白色。花果期 1-10 月。

全草药用，有清热解毒的功效；嫩茎叶可食用或作饲料。

抱茎小苦荬 Ixeridium sonchifolium (Maxim.) Shih.
FOC 已修订为尖裂假还阳参 Crepidiastrum sonchifolium (Maxim.) Pak & Kawano subsp. **sonchifolium**

多年生草本，高 15-60 厘米。茎单生，直立。基生叶莲座状，匙形、长倒披针形或长椭圆形，边缘有锯齿，顶端圆形或急尖，或大头羽状深裂；茎中下部叶长椭圆形、匙状椭圆形、倒披针形或披针形，羽状浅裂或半裂，向基部扩大，心形或耳状抱茎；上部叶及接花序分枝处的叶心状披针形，边缘全缘，向基部心形或圆耳状扩大抱茎。头状花序在茎枝顶端排成伞房花序或伞房圆锥花序，含舌状小花约 17；总苞圆柱形，总苞片 3 层；舌状小花黄色。瘦果黑色，纺锤形，向上渐尖成细喙；冠毛白色。花果期 3-5 月。

全草入药，清热解毒，有凉血、活血之功效。

马兰属 Kalimeris Cass.

全叶马兰 **Kalimeris integrifolia** Turcz. ex DC.　　FOC 已修订为 **Aster pekinensis** (Hance) F. H. Chen

　　多年生草本。有长纺锤状直根。茎直立，高 30-70 厘米，单生或数个丛生。中部叶多而密，条状披针形、倒披针形或矩圆形，顶端钝或渐尖，常有小尖头，基部渐狭无柄，全缘，边缘稍反卷；上部叶较小，条形；全部叶背灰绿，两面密被粉状短绒毛。头状花序单生枝端且排成疏伞房状；总苞半球形，总苞片 3 层，覆瓦状排列；舌状花 1 层，20 余，舌片淡紫色。瘦果倒卵形，浅褐色，扁；冠毛带褐色。花期 6-10 月；果期 7-11 月。

山马兰 **Kalimeris lautureana** (Debx.) Kitam.　　FOC 已修订为 **Aster lautureanus** (Debeaux) Franch.

　　多年生草本，高 50-100 厘米。茎直立，单生或 2-3 个簇生，上部分枝。叶厚或近革质；中部叶披针形或矩圆状披针形，顶端渐尖或钝，茎部渐狭，无柄，有疏齿或羽状浅裂；分枝上的叶条状披针形，全缘。头状花序单生于分枝顶端且排成伞房状，总苞半球形，总苞片 3 层，覆瓦状排列；舌状花白色、淡蓝色；管状花黄色。瘦果倒卵形，扁平，淡褐色；冠毛淡红色，长 0.5-1 毫米。花果期 6-11 月。

莴苣属 Lactuca L.

翅果菊 lactuca indica L.

一年生或二年生草本。茎直立，单生，高 0.4-2 米。中部茎叶披针形、长椭圆形或条状披针形，羽状全裂或深裂，优势不分裂而基部扩大半抱茎。头状花序果期卵球形，多数沿茎枝顶端排成圆锥花序或总状圆锥花序；总苞片 3-4 层，外层卵形或长卵形，顶端急尖或钝，中内层长披针或线状披针形，顶端钝或圆形，全部苞片边缘染紫红色；舌状小花黄色。瘦果椭圆形，黑色，压扁。冠毛 2 层，白色。花果期 4-11 月。

火绒草属 Leontopodium R. Br.

火绒草 Leontopodium leontopodioides (Willd.) Beauv.

多年生草本。花茎直立，被灰白色长柔毛或白色近绢状毛，不分枝或有时上部有伞房状或近总状花序枝。叶无柄；叶直立，在花后有时开展，线形或线状披针形，顶端尖或稍尖，有长尖头，基部稍宽，叶面灰绿色，被柔毛，叶背被白色或灰白色密绵毛或有时被绢毛。头状花序；苞叶少数，基部渐狭两面或下面被白色或灰白色厚茸毛，在雄株多少开展成苞叶群，在雌株不排列成明显的苞叶群；总苞半球形，被白色绵毛，总苞片约 4 层；小花雌雄异株，稀同株；雄花花冠狭漏斗状；雌花花冠丝状。瘦果有乳头状突起或密粗毛。花果期 7-10 月。

全草药用，治疗蛋白尿及血尿有效。

黄瓜菜属 Paraixeris Nakai

黄瓜菜 Paraixeris denticulata (Houtt.) Nakai
FOC 已修订为黄瓜假还阳参 Crepidiastrum denticulatum (Houtt.) Pak & Kawano

一年生或二年生草本，高 30-120 厘米。茎中下部叶卵形、琴状卵形、椭圆形、长椭圆形或披针形，不分裂，顶端急尖或钝，有宽翼柄，基部圆形，耳部圆耳状扩大抱茎，向基部稍收窄而基部突然扩大圆耳状抱茎，或向基部渐窄成长或短的不明显叶柄，基部稍扩大，耳状抱茎；上部及最上部叶与中下部叶同形，无柄，向基部渐宽，基部耳状扩大抱茎。头状花序多数，在茎枝顶端排成伞房花序或伞房圆锥状花序，含舌状小花 15；总苞圆柱状，总苞片 2 层，外层极小，卵形，内层长；舌状小花黄色。瘦果长椭圆形，压扁，黑色或黑褐色；冠毛白色，糙毛状。花果期 5-11 月。

毛连菜属 Picris L.

毛连菜 Picris hieracioides L.

二年生草本，高 20-120 厘米。茎下部叶长椭圆形或宽披针形，先端渐尖或急尖或钝，边缘全缘或有尖锯齿或大而钝的锯齿，基部渐狭成长或短翼柄；中部和上部叶披针形或线形，较下部叶小，无柄，基部半抱茎；最上部叶小，全缘；全部叶两面特别是沿脉被亮色的钩状分叉的硬毛。头状花序在茎枝顶端排成伞房花序或伞房圆锥花序；总苞圆柱状钟形，总苞片 3 层，外层线形，短，内层长；舌状小花黄色。瘦果纺锤形；冠毛白色。花果期 6-9 月。

全草药用，有清热、消肿、止痛的作用。

风毛菊属 Saussurea DC.

风毛菊 **Saussurea japonica** (Thunb.) DC.

二年生草本。茎直立，高 50-150 厘米。基生叶与下部茎生叶有叶柄，有狭翼，叶全形椭圆形、长椭圆形或披针形，羽状深裂；中部叶与基生叶及下部叶同形并等样分裂，但渐小，有短柄；上部叶与花序分枝上的叶更小，羽状浅裂或不裂，无柄；全部叶两面有稠密的凹陷性的淡黄色小腺点。头状花序在茎枝顶端排成伞房状或伞房圆锥花序；总苞圆柱状，总苞片 6 层；小花紫色。瘦果深褐色，圆柱形；冠毛白色。花果期 6-10 月。

乌苏里风毛菊 **Saussurea ussuriensis** Maxim.

多年生草本，高 30-100 厘米。茎直立，有纵棱。基生叶及茎下部叶有长叶柄，卵形、宽卵形、长圆状卵形、三角形或椭圆形，顶端渐尖，基部心形、戟形或截形，边缘有粗锯齿、细锯齿或羽状浅裂，上面及边缘有微糙毛并密布黑色腺点；中部与上部叶渐变小，长圆状卵形或披针形以至线形，顶端渐尖，基部截形或戟形，边缘有细锯齿。头状花序在茎枝顶端排列成伞房状花序，有线形苞叶；总苞狭钟状，总苞片 5-7 层；小花紫红色。瘦果浅褐色；冠毛 2 层，白色。花果期 7-9 月。

千里光属 Senecio L.

林荫千里光 Senecio nemorensis L.

多年生草本。茎单生或有时数个，高达 1 米。基生叶和茎下部叶在花期凋落；中部叶多数，近无柄，披针形或长圆状披针形，顶端渐尖或长渐尖，基部楔状渐狭或多少半抱茎，边缘具密锯齿，稀粗齿，纸质；上部叶渐小，线状披针形至线形，无柄。头状花序在茎端或枝端或上部叶腋排成复伞房花序；花序具线形小苞片 3-4；总苞近圆柱形；舌状花 8-10，舌片黄色，线状长圆形，顶端具细齿 3；管状花 15-16，花冠黄色。瘦果圆柱形；冠毛白色。花果期 6-11 月。

麻花头属 Serratula L.　　FOC 已修订为 **Klasea** Cass.

麻花头 Serratula centauroides L.　　FOC 已修订为 **Klasea centauroides** (L.) Cass. ex Kitag.

多年生草本，高 40-100 厘米。茎直立，上部少分枝或不分枝。基生叶及茎下部叶长椭圆形，羽状深裂，有长柄，全部裂片长椭圆形至宽线形，全缘或有锯齿或少锯齿，顶端急尖；中部叶与基生叶及下部叶同形，并等样分裂，无柄或有极短的柄；上部叶更小；全部叶两面粗糙，两面被多细胞长或短节毛。头状花序少数，单生茎枝顶端；总苞卵形或长卵形，总苞片 10-12 层，覆瓦状排列；全部小花红色，红紫色或白色。瘦果楔状长椭圆形；冠毛刚毛糙毛状。花果期 6-9 月。

豨莶属 Siegesbeckia L.

腺梗豨莶 Siegesbeckia pubescens Makino

　　一年生草本。茎直立，高30-110厘米，被开展的灰白色长柔毛和糙毛。中部叶卵圆形或卵形，开展，基部宽楔形，下延成具翼而长1-3厘米的柄，先端渐尖，边缘有尖头状规则或不规则的粗齿；上部叶渐小，披针形或卵状披针形；全部叶基出3脉，两面被平伏短柔毛。头状花序多数生于枝端，排列成松散的圆锥花序；总苞宽钟状，总苞片2层，背面密生紫褐色头状具柄腺毛；舌状花花冠舌片先端2-3齿裂，有时5齿裂；两性管状花冠檐钟状，先端4-5裂。瘦果倒卵圆形。花期5-8月；果期6-10月。

　　全草药用，有祛风除湿、镇痛、解毒作用。

苦苣菜属 Sonchus L.

苣荬菜 Sonchus arvensis L.　　FOC已修订为长裂苦苣菜 Sonchus brachyotus DC.

　　多年生草本。茎直立，高30-150厘米。基生叶多数，与中下部叶全形倒披针形或长椭圆形，羽状或倒向羽状深裂、半裂或浅裂；上部叶及接花序分枝下部的叶披针形或线钻形；全部叶裂片边缘有小锯齿或无锯齿而有小尖头；全部叶基部渐窄成翼柄，但中部以上茎叶无柄，基部圆耳状扩大半抱茎，两面光滑无毛。头状花序在茎枝顶端排成伞房状花序；总苞钟状，总苞片3层，全部总苞片顶端长渐尖，外面沿中脉有1行头状具柄的腺毛；舌状小花多数，黄色。瘦果稍压扁，长椭圆形；冠毛白色。花果期4-9月。

花叶滇苦菜 Sonchus asper (L.) Hill 续断菊

　　一年生草本。茎直立，高 20-50 厘米。基生叶与茎生叶同型；中下部叶长椭圆形、倒卵形、匙状或匙状椭圆形，包括渐狭的翼柄，顶端渐尖、急尖或钝，基部渐狭成翼柄，柄基耳状抱茎或基部无柄；上部叶披针形，不裂，基部扩大，圆耳状抱茎；中下部叶羽状浅裂、半裂或深裂；全部叶及裂片与抱茎的圆耳边缘有尖齿刺，质地薄。头状花序在茎枝顶端排列成稠密的伞房花序；总苞宽钟状，总苞片 3-4 层；舌状小花黄色。瘦果倒披针状，压扁；冠毛白色。花果期 5-10 月。

苦苣菜 Sonchus oleraceus L.

一年生或二年生草本。根圆锥状，垂直直伸。茎直立，单生，高 40-150 厘米。中下部叶羽状深裂或大头状羽状深裂，全形椭圆形或倒披针形，基部急狭成翼柄，柄基圆耳状抱茎；全部叶或裂片边缘及抱茎小耳边缘有大小不等的急尖锯齿或大锯齿；上部及接花序分枝处的叶边缘大部全缘或上半部边缘全缘，顶端急尖或渐尖，两面光滑无毛，质地薄。头状花序少数在茎枝顶端排列成紧密的伞房花序或总状花序或单生茎枝顶端；总苞宽钟状，总苞片 3-4 层，覆瓦状排列；舌状小花多数，黄色。瘦果褐色，长椭圆形或长椭圆状倒披针形，无喙；冠毛白色。花果期 5-12 月。

全草入药，有祛湿、清热解毒功效。

兔儿伞属 Syneilesis Maxim.

兔儿伞 Syneilesis aconitifolia (Bge.) Maxim.

多年生草本。茎直立，高 70-120 厘米。叶通常 2，叶盾状圆形，掌状深裂；裂片 7-9，每裂片再次 2-3 浅裂。头状花序多数，在茎端密集成复伞房状，具数枚线形小苞片；总苞筒状，总苞片 1 层；小花 8-10，花冠淡粉白色，檐部窄钟状，5 裂。瘦果圆柱形；冠毛污白色或变红色，糙毛状。花期 6-7 月；果期 8-10 月。

根及全草入药，具祛风湿、舒筋活血、止痛之功效，可治腰腿疼痛、跌打损伤等症。

蒲公英属 **Taraxacum** F. H. Wigg.

蒲公英 ***Taraxacum mongolicum*** Hand.-Mazz.

多年生草本。叶倒卵状披针形、倒披针形或长圆状披针形，先端钝或急尖，边缘有时具波状齿或羽状深裂，有时倒向羽状深裂或大头羽状深裂，基部渐狭成叶柄。头状花序总苞钟状；苞片2-3层，外层总苞片卵状披针形或披针形，内层总苞片线状披针形，具小角状突起；舌状花黄色，边缘花舌片背面具紫红色条纹。瘦果倒卵状披针形，暗褐色，上部具小刺，下部具成行排列的小瘤，顶端逐渐收缩为长约1毫米的圆锥至圆柱形喙基；冠毛白色。花果期5-10月。

全草供药用，有清热解毒、消肿散结的功效。

狗舌草属 **Tephroseris** (Reichenb.) Reichenb.

狗舌草 ***Tephroseris kirilowii*** (Turcz. ex DC.) Holub

多年生草本。茎单生，稀2-3，直立，高20-60厘米，密被白色蛛丝状毛。基生叶数个，莲座状，长圆形或卵状长圆形，顶端钝，具小尖，基部楔状至渐狭成具狭至宽翅叶柄，两面被密或疏白色蛛丝状绒毛；茎生叶少数，向茎上部渐小，下部叶倒披针形，或倒披针状长圆形。头状花序3-11排列成伞形状顶生伞房花序；总苞近圆柱状钟形，无外层苞片，总苞片18-20，草质，具狭膜质边缘；舌状花舌片黄色，长圆形，顶端钝，具细齿3；管状花多数，花冠黄色。瘦果圆柱形；冠毛白色。花期4-8月。

苍耳属 Xanthium L.

苍耳 Xanthium sibiricum Patrin ex Widder　　FOC 已修订为 Xanthium strumarium L.

　　一年生草本，高 20-90 厘米。叶三角状卵形或心形，近全缘，或有不明显浅裂 3-5，顶端尖或钝，基部稍心形或截形，边缘有不规则的粗锯齿，有三基出脉，叶面绿色，叶背苍白色，被糙伏毛。雄性的头状花序球形；总苞片长圆状披针形，有多数的雄花，花冠钟形。雌性的头状花序椭圆形；外层总苞片披针形，内层总苞片结合成囊状，在瘦果成熟时变坚硬，外面有疏生的具钩状的刺；喙坚硬，锥形。瘦果 2，倒卵形。花期 7-8 月；果期 9-10 月。

　　种子可榨油，苍耳子油与桐油的性质相仿，可掺和桐油制油漆，也可作油墨、肥皂、油毡的原料；又可制硬化油及润滑油；果实供药用。

黄鹌菜属 Youngia Cass.

黄鹌菜 Youngia japonica (L.) DC.

　　一年生草本，高 10-100 厘米。全部叶及叶柄被皱波状长或短柔毛；基生叶倒披针形、椭圆形、长椭圆形或宽线形，大头羽状深裂或全裂，顶裂片卵形、倒卵形或卵状披针形，顶端圆形或急尖，边缘有锯齿或几全缘，椭圆形，向下渐小，最下方的侧裂片耳状，全部侧裂片边缘有锯齿或细锯齿或边缘有小尖头；无茎生叶或极少茎生叶。头状花序含舌状小花 10-20，少数或多数在茎枝顶端排成伞房花序；总苞圆柱状，总苞片 4 层；舌状小花黄色。瘦果纺锤形，压扁；冠毛糙毛状。花果期 4-10 月。

　　嫩茎叶可作饲料。

80　天南星科 Araceae ｜ 天南星属 Arisaema Mart.

东北南星 Arisaema amurense Maxim.

多年生草本，高 30-60 厘米。块茎近球形。叶柄长 17-30 厘米，下部 1/3 具鞘；叶 1，叶鸟足状分裂，裂片 3 或 5，倒卵形，倒卵状披针形或椭圆形，先端短渐尖或锐尖，基部楔形，全缘。花序柄短于叶柄；佛焰苞长约 10 厘米，管部漏斗状，喉部边缘斜截形，狭外卷，檐部直立，卵状披针形，绿色或紫色具白色条纹；肉穗花序单性，雄花序花疏，雌花序短圆锥形；附属器具短柄，棒状，基部截形；雄花具柄，花药 2-3；雌花子房呈倒卵形。浆果红色。种子 4，红色，卵形。花期 5 月；果 9 月成熟。

块茎供药用，有祛风镇痉、化痰、散结消肿的功效。

半夏属 Pinellia Tenore

虎掌 Pinellia pedatisecta Schott

多年生草本，高 30-60 厘米。块茎近圆球形；块茎四旁常生若干小球茎。叶柄下部具鞘；叶 1-3 或更多，叶鸟足状分裂，裂片 6-13，披针形，渐尖，基部渐狭，楔形，两侧裂片依次渐短小。佛焰苞淡绿色，管部长圆形，向下渐收缩，檐部长披针形，锐尖。肉穗花序，雌花序在下雄花序下方；附属器黄绿色，直立或略弯曲。浆果卵圆形，绿色至黄白色，藏于宿存的佛焰苞管部内。花期 6-7 月；果 9-11 月成熟。

块茎供药用，有祛风镇痉、化痰、散结消肿的功效。

半夏 **Pinellia ternata** (Thunb.) Ten. ex Breitenb.

多年生草本，高 15-35 厘米。块茎圆球形。叶 2-5，有时 1；叶柄基部具鞘，鞘内、鞘部以上或叶片基部有直径 3-5 毫米的珠芽，珠芽在母株上萌发或落地后萌发。幼苗叶片卵状心形至戟形，为全缘单叶；老株叶片 3 全裂，长圆状椭圆形或披针形，两头锐尖。佛焰苞绿色或绿白色，管部狭圆柱形，檐部长圆形；肉穗花序，雌花序长 2 厘米，雄花序长 5-7 毫米，其中间隔 3 毫米；附属器绿色变青紫色，长 6-10 厘米，直立，有时弯曲。浆果卵圆形。花期 5-7 月；果 8 月成熟。

块茎入药，有毒，能燥湿化痰，降逆止呕，生用消疖肿；主治咳嗽痰多、恶心呕吐；外用治急性乳腺炎、急慢性化脓性中耳炎；兽医用以治锁喉癀。

81　浮萍科 Lemnaceae　｜　紫萍属 **Spirodela** Schleid.

紫萍 **Spirodela polyrrhiza** (L.) Schleid.

叶状体扁平，阔倒卵形，长 5-8 毫米，宽 4-6 毫米，先端钝圆，叶面绿色，叶背紫色，具掌状脉 5-11。叶背中央生根 5-11，根长 3-5 厘米，白绿色，根冠尖，脱落；根基附近的一侧囊内形成圆形新芽，萌发后，幼小叶状体渐从囊内浮出，由一细弱的柄与母体相连。肉穗花序有雄花 2 和雌花 1。

全草入药，发汗、利尿；治感冒发热无汗、斑疹不透、水肿、小便不利、皮肤湿热；也可作猪饲料，鸭也喜食，为放养草鱼的良好饵料。

82　鸭跖草科 Commelinaceae　｜　鸭跖草属 **Commelina** L.

饭包草 **Commelina bengalensis** L.

多年生披散草本。茎大部分匍匐，节上生根。叶鞘口沿有疏而长的睫毛；叶卵形，顶端钝或急尖。总苞片漏斗状，与叶对生，常数个集于枝顶，下部边缘合生，顶端短急尖或钝；花序下面具不孕的花 1-3，伸出佛焰苞，上面有花数朵，结实，不伸出佛焰苞；萼片膜质，披针形，花瓣蓝色，圆形。蒴果椭圆状，3 室，腹面 2 室每室具种子 2，开裂，后面一室仅有种子 1 或无种子，不裂。种子多皱并有不规则网纹，黑色。花果期 7-10 月。

药用，有清热解毒，消肿利尿之效。

鸭跖草 Commelina communis L.

一年生披散草本。茎匍匐生根。叶披针形至卵状披针形。总苞片佛焰苞状，与叶对生，折叠状，展开后为心形，顶端短急尖，基部心形；聚伞花序，下面一枝有花 1，不孕，上面一枝具花 3-4，几乎不伸出佛焰苞；萼片膜质，内面 2 常靠近或合生，花瓣深蓝色，内面 2 具爪。蒴果椭圆形，2 室，2 片裂，有种子 4。种子棕黄色，一端平截、腹面平，有不规则窝孔。花果期 6-10 月。

药用，为消肿利尿、清热解毒之良药，此外对睑腺炎、咽炎、扁桃腺炎、宫颈糜烂、蝮蛇咬伤有良好疗效。

83 灯心草科 Juncaceae ｜ 灯心草属 Juncus L.

翅茎灯心草 Juncus alatus Franch. et Savat.

多年生草本，高 11-50 厘米。茎丛生，直立，扁平，两侧有狭翅，具不明显的横隔。叶扁平，线形，顶端尖锐；叶鞘两侧压扁，边缘膜质，松弛抱茎。花序由头状花序 7-27 排列成聚伞状；头状花序扁平，有花 3-7；花淡绿或黄褐色，花被片披针形，雄蕊 6，花药长圆形，长约 0.8 毫米，黄色，花柱短，柱头 3 分叉；花梗极短。蒴果三棱状圆柱形，顶端具短钝的突尖，淡黄褐色。种子椭圆形，长约 0.5 毫米。花期 4-7 月；果期 5-10 月。

灯心草 Juncus effusus L.

多年生草本，高 40-100 厘米。茎丛生，直立，圆柱形，茎内充满白色的髓心。叶全部为低出叶，呈鞘状或鳞片状，包围在茎的基部，叶片退化为刺芒状。聚伞花序假侧生，含多花，排列紧密或疏散；总苞片圆柱形，生于顶端，似茎的延伸，直立，长 5-28 厘米，顶端尖锐；花淡绿色，花被片线状披针形，雄蕊 3（偶为 6），花药长圆形，黄色，雌蕊具 3 室子房，花柱极短；柱头 3 分叉。蒴果长圆形或卵形，顶端钝或微凹，黄褐色。种子卵状长圆形。花期 4-7 月；果期 6-9 月。

茎内白色髓心除供点灯和烛心用外，入药有利尿、清凉、镇静作用；茎皮纤维可作编织和造纸原料。

细茎灯心草 Juncus gracilicaulis A. Camus

多年生草本，高 10-28 厘米。茎丛生，直立，纤细，表面有纵棱。叶基生和茎生；基生叶 1-2，叶片扁平，线状披针形，叶鞘长 1-4.5 厘米；茎生叶常 1，叶鞘长 1-4 厘米，边缘膜质，叶耳突出。花序顶生，通常头状花序 3-4 组成聚伞花序；头状花序半球形至近圆球形，有花 3-7；叶状总苞片长于花序；花乳白色，雄蕊 6，花药长圆形，黄白色，花丝线形，远超出花被片，子房卵球形，柱头 3 分叉；花具短梗。蒴果不明显三棱状椭圆形，淡黄色，稍有光亮。花期 6-7 月；果期 8-9 月。

小花灯心草 Juncus articulatus L.

多年生草本，高 15-60 厘米。茎密丛生，直立，圆柱形。叶基生和茎生，短于茎；基生叶 1-2，叶鞘基部红褐色至褐色；茎生叶 1-4，叶片扁圆筒形，顶端渐尖呈钻状，具有明显的横隔，叶鞘松弛抱茎，叶耳明显，较窄。花序由头状花序 5-30 组成，排列成顶生复聚伞花序，花序分枝常 2-5，具长短不等的花序梗；头状花序半球形至近圆球形，直径 6-8 毫米；叶状总苞片 1，具横隔，通常短于花序；花被片披针形，等长，幼时黄绿色，晚期变淡红褐色，雄蕊 6，花柱极短，柱头 3 分叉，线形，较长。蒴果三棱状长卵形，成熟深褐色，光亮。种子卵圆形，长 0.5-0.7 毫米。花期 6-7 月；果期 8-9 月。

扁茎灯心草 Juncus compressus Jacq.   FOC 已修订为 **Juncus gracillimus** (Buchenau) V. I. Krecz. et Gontsch.

多年生草本，高 15-40 厘米。茎丛生，直立，圆柱形或稍扁。基生叶 2-3，叶线形；茎生叶 1-2，叶线形，扁平，叶鞘松弛抱茎，叶耳圆形。顶生复聚伞花序；叶状总苞片通常 1，线形，常超出花序；从总苞叶腋中发出多个花序分枝，花序分枝纤细，长短不一；花单生，彼此分离；小苞片 2；花被片披针形或长圆状披针形，雄蕊 6，花药长圆形，黄色，花柱很短，柱头 3 分叉。蒴果卵球形，超出花被，有隔膜 3，成熟时褐色、光亮。花期 5-7 月；果期 6-8 月。

洮南灯心草 Juncus taonanensis Satake et Kitag.

多年生草本，高 5-20 厘米。茎丛生，直立，圆柱形，稍压扁。叶基生和茎生；基生叶 3-4，茎生叶 1-2，线形，扁平，顶端针状；叶鞘松弛抱茎，边缘膜质；叶耳圆钝。聚伞花序顶生，有花 3-26；叶状总苞片与花序近等长；花被片近等长或外轮者稍长，披针状长圆形，颖状，顶端尖，边缘宽膜质，雄蕊 3，花药长圆形，黄色，子房长圆形，3 室，具极短花柱，柱头 3 分叉，褐色。蒴果长圆状卵形。种子椭圆形，暗红色。花期 6-8 月；果期 7-9 月。

84　莎草科 Cyperaceae ｜ 薹草属 Carex L.

青绿薹草 Carex breviculmis R. Br.

多年生草本。秆丛生，高 8-40 厘米，三棱形。叶短于秆。小穗 2-5；顶生小穗雄性，长圆形，近无柄，紧靠近其下面的为雌小穗；侧生小穗雌性，长圆形或长圆状卵形；雄花鳞片倒卵状长圆形；雌花鳞片长圆形，倒卵状长圆形，先端截形或圆形。果囊近等长于鳞片，倒卵形，钝三棱形，基部渐狭，具短柄，顶端急缩成圆锥状的短喙，喙口微凹；小坚果紧包于果囊中，卵形，柱头 3。花果期 3-6 月。

溪水薹草 Carex forficula Franch. et Sav.

多年生草本。秆紧密丛生，高 40-90 厘米。叶与秆等长或稍长于秆。苞片叶状，短于花序；小穗 3-5；顶生雄性小穗 1，具柄；侧生小穗雌性。果囊长于鳞片，倒卵形或卵形，压扁双凸状，顶端急缩为长喙，喙口深裂呈齿 2；小坚果紧包于果囊中，卵形或宽倒卵形，近双凸状，柱头 2。花果期 6-7 月。

异穗薹草 **Carex heterostachya** Bge.

根状茎具长的地下匍匐茎。秆高 20-40 厘米，三棱形；基部具红褐色无叶片的鞘。叶短于秆。苞片芒状，常短于小穗；小穗 3-4；上端 1-2 个为雄小穗，长圆形或棍棒状，长 1-3 厘米；其余为雌小穗，卵形或长圆形，长 8-18 毫米，密生多数花；雄花鳞片卵形，具白色透明的边缘；雌花鳞片圆卵形或卵，边缘白色透明。果囊斜展，稍长于鳞片，宽卵形或圆卵形，顶端急狭为稍宽而短的喙，喙口具短齿 2；小坚果较紧地包于果囊内，宽倒卵形或宽椭圆形，三棱形，柱头 3。花果期 4-6 月。

亚柄薹草 **Carex lanceolata** Boott var. **subpediformis** Kukenth.

多年生草本。根状茎粗壮，密丛生。秆高 5-30 厘米，三棱形，藏于叶丛中。叶初短于秆，花后延伸长于秆。小穗 3-4；顶生者雄性，条状圆柱形，长 8-10 毫米；其余为雌性，有稍密的花；雌花鳞片倒卵形至长圆形，有短尖，两侧紫褐色，边缘有宽的白色膜质边缘。果囊倒卵状椭圆形，较鳞片短，有棱 3，淡锈色，基部有加厚的短柄，上部有短喙，紫红色；小坚果倒卵状三棱形；柱头 3。

乳突薹草 **Carex maximowiczii** Miq.

秆丛生，高 30-75 厘米，锐三棱形。叶短于或近等长于秆，宽 3-4 毫米。基部苞片叶状，长于花序。小穗 2-3 个；顶生 1 个雄性，长 2-4 厘米，具柄；侧生小穗雌性，长圆状圆柱形或长圆形；小穗柄纤细，下垂。果囊短于或等长于鳞片，宽倒卵形或宽卵形，双凸状，红褐色，密生乳头状突起和红棕色树脂状小突起；小坚果疏松地包于果囊中，扁圆形。花果期 6-7 月。

翼果薹草 **Carex neurocarpa** Maxim.

多年生草本。秆丛生，高 15-100 厘米，扁钝三棱形。叶状苞片显著长于花序；小穗多数，雄雌顺序；穗状花序紧密，呈尖塔状圆柱形。雄花鳞片长圆形；雌花鳞片卵形至长圆状椭圆形，顶端急尖，具芒尖，基部近圆形。果囊长于鳞片，卵形或宽卵形，顶端急缩成喙，喙口齿裂 2；小坚果疏松地包于果囊中，卵形或椭圆形；柱头 2。花果期 6-8 月。

豌豆形薹草　Carex pisiformis Boott

根状茎短或具匍匐茎。秆丛生，高 15-50 厘米，纤细，扁三棱形；基部叶鞘分裂成纤维状。苞片下部叶状，上部刚毛状；顶生小穗雄性，窄圆柱形，长 1.5-2 厘米；侧生小穗雌性，有的顶端具雄花，长圆状圆柱形或窄圆柱形，花疏生；小穗柄内藏于苞鞘或稍伸出。果囊长于或近等长于鳞片，下部渐狭成短柄，上部渐狭成圆锥状的喙，喙口具齿 2；小坚果紧包于果囊中，卵形，三棱形；柱头 3。花果期 5-6 月。

锥囊薹草　Carex raddei Kukenth.

多年生草本。秆疏丛生，高 35-100 厘米。叶短于秆，具小横隔脉（隔节）。苞片叶状，稍短于或近等长于花序，上部呈刚毛状；小穗 4-6，上面的间距较短，下面的间距稍长，顶端 2-3 个为雄小穗，其余为雌小穗；雄花鳞片披针形，顶端渐尖成芒；雌花鳞片卵状披针形或披针形，顶端渐尖成芒。果囊斜展，长圆状披针形；小坚果疏松地包于果囊内，宽卵形；柱头 3。花果期 6-7 月。

宽叶薹草 **Carex siderosticta** Hance

多年生草本。营养茎和花茎有间距；营养茎的叶长圆状披针形；花茎高达30厘米，苞鞘上部膨大似佛焰苞状。小穗3-6，单生或孪生于各节，雄雌顺序，具疏生的花；小穗柄多伸出鞘外；雄花鳞片披针状长圆形；雌花鳞片椭圆状长圆形至披针状长圆形。果囊倒卵形、椭圆形或三棱形；小坚果紧包于果囊中，椭圆形或三棱形；花柱宿存，基部不膨大，顶端稍伸出果囊之外，柱头3。花果期4-5月。

莎草属 **Cyperus** L.

阿穆尔莎草 **Cyperus amuricus** Maxim.

一年生草本。秆丛生，高5-50厘米，扁三棱形。叶短于秆。叶状苞片3-5，下面两枚常长于花序；穗状花序蒲扇形、宽卵形或长圆形，具5至多数小穗；小穗排列疏松，斜展；鳞片排列稍松，膜质，近于圆形或宽倒卵形，顶端具由龙骨状突起延伸出的稍长的短尖；雄蕊3，花柱极短，柱头3。小坚果倒卵形或长圆形，三棱形，黑褐色，具密的微突起细点。花果期7-10月。

异型莎草 Cyperus difformis L.

　　一年生草本。秆丛生，高 2-65 厘米，扁三棱形。叶短于秆；叶鞘稍长，褐色。叶状苞片 2（少 3），长于花序；长侧枝聚伞花序简单，少数为复出，具辐射枝 3-9，辐射枝长短不等；头状花序球形，具极多数小穗，小穗密聚；鳞片排列稍松，膜质，近于扁圆形，顶端圆，长不及 1 毫米，中间淡黄色，两侧深红紫色或栗色边缘具白色透明的边，具不很明显的脉 3；雄蕊 2，有时 1，花柱极短，柱头 3。小坚果倒卵状椭圆形。花果期 7-10 月。

褐穗莎草 Cyperus fuscus L.

　　一年生草本。秆丛生，高 6-30 厘米。叶短于秆或有时几与秆等长。苞片 2-3，叶状，长于花序；长侧枝聚伞花序复出或有时为简单，具第一次辐射枝 3-5；小穗 5-10 密聚成近头状花序，稍扁平；雄蕊 2，花药短，椭圆形，药隔不突出于花药顶端，花柱短，柱头 3。小坚果椭圆形，三棱形，长约为鳞片的 2/3。花果期 7-10 月。

头状穗莎草 Cyperus glomeratus L.

一年生草本。高 50-95 厘米，具少数叶。叶短于秆；叶鞘长，红棕色。叶状苞片 3-4，较花序长，边缘粗糙；复出长侧枝聚伞花序具长短不等的辐射枝 3-8；穗状花序无总花梗，近于圆形、椭圆形或长圆形，具极多数小穗；小穗多列，排列极密，具花 8-16；鳞片排列疏松，膜质，近长圆形，顶端钝，棕红色；雄蕊 3，花药短，长圆形，暗血红色，花柱长，柱头 3，较短。小坚果长圆形，灰色，具明显的网纹。花果期 6-10 月。

碎米莎草 Cyperus iria L.

一年生草本。高 8-85 厘米，扁三棱形。叶状苞片 3-5，下面的 2-3 枚常较花序长；长侧枝聚伞花序复出，具辐射枝 4-9，每个辐射枝具穗状花序 5-10；穗状花序卵形或长圆状卵形，具小穗 5-22；小穗排列松散，斜展开，长圆形、披针形或线状披针形，压扁；雄蕊 3，花丝着生在环形的胼胝体上，花柱短，柱头 3。小坚果倒卵形或椭圆形。花果期 6-10 月。

香附子 Cyperus rotundus L.

　　多年生草本。秆稍细弱，高 15-80 厘米，锐三棱形，平滑，基部呈块茎状。叶较多，短于秆。叶状苞片 2-3，常长于花序，或有时短于花序；长侧枝聚伞花序简单或复出，具辐射枝 3-10；穗状花序轮廓为陀螺形，稍疏松，具小穗 3-10；小穗轴具较宽的、白色透明的翅；鳞片稍密地复瓦状排列，膜质，中间绿色，两侧紫红色或红棕色；雄蕊 3，花药长，暗血红色，花柱长，柱头 3，伸出鳞片外。小坚果长圆状倒卵形。花果期 5-11 月。

　　块茎名为香附子，可供药用，除能作健胃药外，还可以治疗妇科各症。

飘拂草属 Fimbristylis Vahl

两歧飘拂草 Fimbristylis dichotoma (L.) Vahl

　　一年生草本。秆丛生，高 15-50 厘米。叶线形，略短于秆或与秆等长。叶状苞片 3-4，通常有 1-2 枚长于花序；长侧枝聚伞花序复出，疏散或紧密；小穗单生于辐射枝顶端，卵形、椭圆形或长圆形，具多数花；雄蕊 1-2 花柱扁平，长于雄蕊，柱头 2。小坚果宽倒卵形，双凸状。花果期 7-10 月。

荸荠属 Heleocharis R. Br.

具刚毛荸荠 Heleocharis valleculosa Ohwi f. setosa (Ohwi) Kitag.
FOC 修订为 **Eleocharis valleculosa** var. **setosa** Ohwi

具匍匐根状茎。秆多数或少数，一单生或丛生，圆柱状。叶缺如；秆基部有长叶鞘 1-2，鞘膜质。小穗长圆状卵形或线状披针形，少有椭圆形和长圆形，有多数或极多数密生的两性花；小穗基部有 2 鳞片中空无花，其余鳞片全有花，卵形或长圆状卵形；下位刚毛 4，其长明显超过小坚果；柱头 2。小坚果圆倒卵形，双凸状。花果期 6-8 月。

羽毛荸荠 Heleocharis wichurai Bocklr.

秆少数，丛生，高 30-50 厘米，锐四棱柱状。秆基部有叶鞘 1-2。小穗卵形、长圆形或披针形，顶端急尖，稍斜生；小穗基部有 2 鳞片中空无花，对生，最下的 1 鳞片抱小穗基部几一周，其余鳞片紧密地螺旋状排列，全有花；下位刚毛 6，或多或少与小坚果（连花柱基在内）等长；柱头 3。小坚果倒卵形或宽倒卵形，微扁，钝三棱形，腹面微凸。花果期 7 月。

水蜈蚣属 Kyllinga Rottb.

无刺鳞水蜈蚣 **Kyllinga brevifolia** Rottb. var. **leiolepis** (Franch. et Sav.) Hara 光鳞水蜈蚣

根状茎长而匍匐，具多数节间，每一节上长一秆。秆成列地散生，细弱，高 7-20 厘米，扁三棱形。叶柔弱，叶状苞片 3，极展开，后期常向下反折。穗状花序单个，极少 2-3，球形或卵球形，具极多数密生的小穗；小穗较宽，具花 1，稍肿胀；鳞片背面的龙骨状突起上无刺，顶端无短尖或具直的短尖；雄蕊 1-3，花药线形，花柱细长，柱头 2。小坚果倒卵状长圆形，扁双凸状，花果期 5-10 月。

藨草属 Scirpus L.

扁秆藨草 **Scirpus planiculmis** Fr. Schmidt
FOC 已修订为扁秆荆三棱 **Bolboschoenus planiculmis**(F. Schmidt) T. V. Egorova

具匍匐根状茎和块茎。秆高 60-100 厘米，三棱形，平滑，靠近花序部分粗糙，基部膨大。叶扁平，向顶部渐狭；具长叶鞘。叶状苞片 1-3，常长于花序；长侧枝聚伞花序短缩成头状，或有时具少数辐射枝，通常具小穗 1-6；小穗卵形或长圆状卵形，锈褐色；鳞片膜质，具芒；下位刚毛 4-6，上生倒刺，长为小坚果的 1/2-2/3；雄蕊 3，花柱长，柱头 2。小坚果宽倒卵形或倒卵形。花期 5-6 月；果期 7-9 月。

荣成藨草 *Scirpus rongchengensis* F. Z. Li　FOC 已修订为庐山藨草 ***Scirpus lushanensis*** Ohwi

　　根状茎短粗。秆散生，粗壮，坚硬，钝三棱形，节 7-8。有基生叶与秆生叶；叶短于秆，扁平，宽 5-10 毫米。叶状苞片 3，略长于花序；长侧枝聚伞花序多次复出，有辐射枝 4-5；小穗无柄，通常 5-8 个聚成头状，着生于辐射枝顶端；小穗球形，长 2-2.5 毫米，密生多花；鳞片长卵形，先端急尖，膜质；下位刚毛 6，下部弯曲，较小坚果长得多；雄蕊 2，花药长圆形，花柱中等长，柱头 3。小坚果倒卵状扁三棱状，顶端有喙，淡黄色。

85　禾本科 Poaceae ｜ 芨芨草属 Achnatherum Beauv.

远东芨芨草 *Achnatherum extremiorientale* (Hara) Keng ex P. C. Kuo
FOC 已修订为京芒草 ***Achnatherum pekinense***(Hance) Ohwi

　　多年生草本。秆直立，<u>丛生</u>，高达 150 厘米。叶鞘较松弛，平滑，上部者短于节间；叶舌长约 1 毫米，平截；叶扁平或边缘稍内卷，上面及边缘微粗糙，下面平滑。圆锥花序开展，分枝 3-6 簇生，中部以上疏生小穗，成熟后水平开展；颖膜质，长圆状披针形，先端尖；外稃长 5-7 毫米，芒长约 2 厘米，一回膝曲；内稃背部圆形，成熟时背部裸出；花药黄色。颖果长约 4 毫米，纺锤形。花果期 7-9 月。

看麦娘属 Alopecurus L.

看麦娘 Alopecurus aequalis Sobol.

一年生草本。秆少数丛生，细瘦，光滑，节处常膝曲，高 15-40 厘米。叶鞘光滑，短于节间；叶舌膜质，长 2-5 毫米；叶扁平。圆锥花序圆柱状，灰绿色；小穗椭圆形或卵状长圆形，长 2-3 毫米；颖膜质，基部互相连合，侧脉下部有短毛；外稃膜质，先端钝，等大或稍长于颖，下部边缘互相连合，芒长 1.5-3.5 毫米，隐藏或稍外露；花药橙黄色。颖果长约 1 毫米。花果期 4-8 月。

荩草属 Arthraxon Beauv.

荩草 Arthraxon hispidus (Thunb.) Makino

一年生草本。秆细弱，高 30-60 厘米，常分枝。叶鞘短于节间；叶舌膜质，边缘具纤毛；叶卵状披针形，基部心形，抱茎，除下部边缘生疣基毛外余均无毛。总状花序 2-10 细弱，呈指状排列或簇生于秆顶；无柄小穗呈两侧压扁；第一颖草质，边缘膜质，包住第二颖 2/3，第二颖近膜质，与第一颖等长，舟形；第一外稃长为第一颖的 2/3，第二外稃与第一外稃等长；雄蕊 2，花药黄色或带紫色。颖果长圆形。花果期 9-11 月。

矛叶荩草 **Arthraxon lanceolatus** (Roxb.) Hochst.
FOC 已修订为茅叶荩草 **Arthraxon prionodes**(Steud.) Dandy

多年生草本。秆较坚硬，高 40-60 厘米；节着地易生根。叶舌膜质；叶披针形至卵状披针形，先端渐尖，基部心形，抱茎。总状花序 2 至数枚呈指状排列于枝顶，稀可单生；无柄小穗长圆状披针形，背腹压扁；第一颖硬草质，先端尖，具 2 行篦齿状疣基钩毛，第二颖与第一颖等长，舟形；第一外稃长圆形，第二外稃背面近基部处生一膝曲的芒；雄蕊 3，花药黄色。花果期 7-10 月。

野古草属 **Arundinella** Raddi

野古草 **Arundinella anomala** Steud. FOC 已修订为毛秆野古草 **Arundinella hirta** (Thunb.) Tanaka

多年生草本。秆直立，高 60-110 厘米。叶舌短，上缘圆凸；叶常无毛或仅背面边缘疏生一列疣毛至全部被短疣毛。花序开展或略收缩；第一小花雄性，约等长于等二颖，外稃顶端钝，具脉 5，花药紫色；第二小花外稃上部略粗糙，3-5 脉不明显，无芒；基盘毛长 1-1.3 毫米，约为稃体的 1/2；柱头紫红色。花果期 7-10 月。

幼嫩时牲畜喜食，秆叶亦可作造纸原料。

茵草属 Beckmannia Host

茵草 Beckmannia syzigachne (Steud.) Fern.

一年生草本。秆直立，高 15-90 厘米，具节 2-4。叶鞘多长于节间；叶舌透明膜质；叶扁平。圆锥花序长 10-30 厘米，分枝稀疏，直立或斜升；小穗扁平，圆形，常含小花 1，长约 3 毫米；颖草质；外稃披针形，具脉 5，常具伸出颖外之短尖头；花药黄色，长约 1 毫米。颖果黄褐色，长圆形，长约 1.5 毫米，先端具丛生短毛。花果期 4-10 月。

孔颖草属 Bothriochloa Kuntze

白羊草 Bothriochloa ischaemum (L.) Keng

多年生草本。秆丛生，高 25-70 厘米。叶舌膜质，具纤毛；叶线形，顶生者常缩短，先端渐尖，基部圆形，两面疏生疣基柔毛或下面无毛。总状花序 4 至多数着生于秆顶呈指状，纤细，灰绿色或带紫褐色；总状花序轴节间与小穗柄两侧具白色丝状毛；第一颖草质，下部 1/3 具丝状柔毛，第二颖舟形，中部以上具纤毛；第一外稃长圆状披针形，第二外稃退化成线形；第一内稃长圆状披针形，第二内稃退化。花果期秋季。

可作牧草；根可制各种刷子。

雀麦属 Bromus L.

雀麦 Bromus japonicus Thunb.

一年生草本。秆直立，高 40-90 厘米。叶鞘闭合；叶舌先端近圆形；叶两面生柔毛。圆锥花序疏展，具 2-8 分枝，向下弯垂；分枝细，上部着生小穗 1-4；小穗黄绿色，密生小花 7-11；颖近等长；外稃椭圆形，草质，边缘膜质，基部稍扁平，成熟后外弯；内稃两脊疏生细纤毛；小穗轴短棒状。颖果长 7-8 毫米。花果期 5-7 月。

细柄草属 Capillipedium Stapf

细柄草 Capillipedium parviflorum (R. Br.) Stapf

多年生草本。簇生草本，秆高 50-100 厘米。叶舌干膜质，边缘具短纤毛；叶线形，长 15-30 厘米，宽 3-8 毫米，顶端长渐尖，基部收窄，近圆形。圆锥花序长圆形，分枝簇生，可具一回至二回小枝。无柄小穗基部具髯毛；第一颖背腹扁，先端钝，背面稍下凹，第二颖舟形，与第一颖等长，先端尖；第一外稃长为颖的 1/4-1/3，第二外稃线形，先端具一膝曲的芒，芒长 12-15 毫米。有柄小穗中性或雄性，等长或短于无柄小穗，无芒。花果期 8-11 月。

虎尾草属 Chloris Sw.

虎尾草 Chloris virgata Sw.

一年生草本。秆直立或基部膝曲，高 12-75 厘米。叶舌长约 1 毫米；叶线形。穗状花序 5-10 指状着生于秆顶；小穗无柄；颖膜质，脉 1；第一小花两性，外稃纸质，两侧压扁，内稃膜质，略短于外稃，具脊 2；第二小花不孕，长楔形，仅存外稃，顶端截平或略凹，芒长 4-8 毫米，自背部边缘稍下方伸出。颖果纺锤形，淡黄色。花果期 6-10 月。

隐子草属 Cleistogenes Keng

北京隐子草 Cleistogenes hancei Keng

多年生草本。秆直立，高 50-70 厘米。叶鞘短于节间；叶舌短，先端裂成细毛；叶线形，扁平或稍内卷，两面均粗糙。圆锥花序开展，具多数分枝；小穗灰绿色或带紫色，排列较密，含小花 3-7；颖具脉 3-5，侧脉常不明显；外稃披针形，有紫黑色斑纹，具脉 5，第一外稃，先端具长 1-2 毫米的短芒；内稃等长或较长于外稃。花果期 7-11 月。

根系发达，具有防止水土流失作用，可作水土保持植物，亦可为优良牧草。

香茅属　**Cymbopogon** Spreng.

橘草　**Cymbopogon goeringii** (Steud.) A. Camus

多年生草本。秆直立丛生，高 60-100 厘米。叶鞘无毛，下部者聚集秆基，质地较厚，内面棕红色，老后向外反卷，上部者均短于其节间；叶舌两侧有三角形耳状物并下延为叶鞘边缘的膜质部分；叶线形，顶端长渐尖成丝状。伪圆锥花序狭窄，有间隔，具一回至二回分枝；佛焰苞长 1.5-2 厘米；总状花序向后反折。无柄小穗长圆状披针形；第一颖背部扁平，第二外稃芒从先端 2 裂齿间伸出，长约 12 毫米；柱头帚刷状。有柄小穗花序上部的较短，披针形，第一颖背部较圆，具脉 7-9，上部侧脉与翼缘微粗糙，边缘具纤毛。花果期 7-10 月。

狗牙根属　**Cynodon** Rich.

狗牙根　**Cynodon dactylon** (L.) Pers.

低矮草本，具根茎。秆细而坚韧，下部匍匐地面蔓延甚长，节上常生不定根，直立部分高 10-30 厘米。叶鞘鞘口常具柔毛；叶舌仅为一轮纤毛；叶线形。穗状花序 2-5；小穗灰绿色或带紫色，含小花 1；颖长 1.5-2 毫米，第二颖稍长；外稃舟形；内稃与外稃近等长。颖果长圆柱形。花果期 5-10 月。

根茎可喂猪，牛、马、兔、鸡等喜食其叶；全草可入药，有清血、解热、生肌之效。

野青茅属 Deyeuxia Clarion

野青茅 Deyeuxia arundinacea (L.) Beauv.　　FOC 已修订为 Deyeuxia pyramidalis (Host) Veldkamp

多年生草本。秆直立，丛生，高 50-60 厘米。叶鞘疏松裹茎；叶舌膜质；叶扁平或边缘内卷。圆锥花序紧缩似穗状，分枝 3 或数枚簇生，直立贴生；小穗柄均粗糙；小穗颖披针形，先端尖，稍粗糙，两颖近等长；芒自外稃近基部或下部 1/5 处伸出，长 7-8 毫米；内稃近等长或稍短于外稃。花果期 6-9 月。

龙常草属 Diarrhena Beauv.

龙常草 Diarrhena manshurica Maxim.

多年生草本。秆直立，高 60-120 厘米。叶鞘密生微毛，短于其节间；叶舌顶端截平或有齿裂；叶线状披针形，质地较薄，上面密生短毛，下面粗糙，基部渐狭。圆锥花序贴向主轴，直伸，各枝具小穗 2-5；小穗含小花 2-3；颖膜质，第一颖长 1.5-2 毫米，第二颖长 2.5-3 毫米；内稃与其外稃几等长，脊上部 2/3 具纤毛；雄蕊 2。颖果成熟时肿胀，黑褐色。花果期 7-9 月。

马唐属 Digitaria Hall.

毛马唐 Digitaria chrysoblephara Fig.
FOC 已修订为 **Digitaria ciliaris** (Retz.) Koeler var. **chrysoblephara** (Figari et De Notaris) R. R. Stewart

一年生草本。秆基部倾卧，着土后节易生根，高 30-100 厘米。叶鞘多短于其节间；叶舌膜质，长 1-2 毫米；叶线状披针形，两面多少生柔毛。总状花序 4-10 呈指状排列于秆顶；小穗披针形，孪生于穗轴一侧；第一颖小，三角形，第二颖披针形，长约为小穗的 2/3；第一外稃等长于小穗，具脉 7，间脉与边脉间具柔毛及疣基刚毛，成熟后，两种毛均平展张开。花果期 6-10 月。

马唐 Digitaria sanguinalis (L.) Scop.

一年生草本。秆直立或下部倾斜，膝曲上升，高 10-80 厘米。叶鞘短于节间；叶舌长 1-3 毫米；叶线状披针形，基部圆形，边缘较厚。总状花序 4-12 呈指状着生于长 1-2 厘米的主轴上；小穗椭圆状披针形；第一颖小，短三角形，无脉，第二颖具脉 3，披针形，长为小穗的 1/2 左右，脉间及边缘大多具柔毛；第一外稃等长于小穗，具脉 7，脉间及边缘生柔毛，第二外稃近革质，等长于第一外稃。花果期 6-9 月。

油芒属 Eccoilopus Steud. FOC 已修订为大油芒属 Spodiopogon Trin.

油芒 Eccoilopus cotulifer (Thunb.) A. Camus FOC 已修订为 Spodiopogon cotulifer (Thunb.) Hack.

　　一年生草本。秆直立，高 60-80 厘米。叶鞘疏松裹茎，鞘口具柔毛；叶舌膜质，长 2-3 毫米；叶披针状线形，顶端渐尖，基部渐窄呈柄状。圆锥花序开展，先端下垂；分枝轮生，细弱，下部裸露；每节具一长柄一短柄 2 小穗；小穗柄上部膨大；小穗线状披针形；第一颖草质，脉间疏生及边缘密生柔毛，第二颖具脉 7，脉上部微粗糙，中部脉间疏生柔毛，顶端具小尖头乃至短芒；第一外稃透明膜质；第一内稃较窄，第二外稃裂齿间伸出一芒，芒长 12-15 毫米。花果期 9-11 月。

稗属 Echinochloa Beauv.

稗 Echinochloa crusgalli (L.) Beauv.

　　一年生草本。秆高 50-150 厘米。叶鞘疏松裹秆，下部者长于而上部者短于节间；叶舌缺；叶扁平，线形。圆锥花序直立，近尖塔形；分枝斜上举或贴向主轴，有时再分小枝；穗轴粗糙或生疣基长刺毛；小穗卵形，脉上密被疣基刺毛，密集在穗轴的一侧；第一颖三角形，长为小穗的 1/3-1/2，脉上具疣基毛，第二颖与小穗等长，先端渐尖或具小尖头，具脉 5，脉上具疣基毛；第一小花通常中性，其外稃草质，脉上具疣基刺毛，顶端延伸成一粗壮的芒，芒长 0.5-3 厘米，内稃薄膜质。花果期夏秋季。

西来稗 Echinochloa crusgalli (L.) Beauv. var. zelayensis (H. B. K.) Hitchc.

　　秆高 50-75 厘米。叶长 5-20 毫米，宽 4-12 毫米。圆锥花序直立，长 11-19 厘米，分枝上不再分枝；小穗卵状椭圆形，长 3-4 毫米，顶端具小尖头而无芒，脉上无疣基毛，但疏生硬刺毛。

穇属 Eleusine Gaertn.

牛筋草 Eleusine indica (L.) Gaertn.

一年生草本。根系极发达。秆丛生，基部倾斜，高 10-50 厘米。叶鞘两侧压扁而具脊，松弛；叶舌长约 1 毫米；叶平展，线形。穗状花序 2-7 呈指状着生于秆顶；小穗含小花 3-6；颖披针形，具脊，脊粗糙；第一颖长 1.5-2 毫米，第二颖长 2-3 毫米；第一外稃卵形，膜质，具脊，脊上有狭翼；内稃短于外稃，具脊 2，脊上具狭翼。囊果卵形。花果期 6-10 月。

根系极发达，秆叶强韧，全株可作饲料，又为优良保土植物；全草煎水服，可防治乙型脑炎。

画眉草属 Eragrostis Wolf

秋画眉草 Eragrostis autumnalis Keng

一年生草本。秆单生或丛生，基部膝曲。叶鞘压扁；叶舌为一圈纤毛；叶多内卷或对折，上部叶有时超出花序长。圆锥花序开展或紧缩，分枝常簇生、轮生或单生；小穗柄长 1-5 毫米，紧贴小枝；小穗长 3-5 毫米，宽约 2 毫米，有小花 3-10；颖披针形，具脉 1；第一外稃长约 2 毫米，具脉 3，广卵圆形，先端尖；内稃长约 1.5 毫米，具脊 2，脊上有纤毛；雄蕊 3。颖果红褐色，椭圆形，长约 1 毫米。花果期 7-11 月。

大画眉草 Eragrostis cilianensis (All.) Vignolo ex Janch.

一年生草本。秆粗壮，高 30-90 厘米，具节 3-5，节下有一圈明显的腺体。叶鞘脉上有腺体，鞘口具长柔毛；叶舌为一圈成束的短毛；叶线形扁平，伸展，叶脉上与叶缘均有腺体。圆锥花序长圆形或尖塔形，小枝和小穗柄上均有腺体；小穗长圆形或卵状长圆形，扁压并弯曲，有小花 10-40，小穗常密集簇生；颖近等长，脊上均有腺体；内稃宿存，稍短于外稃。颖果近圆形。花果期 7-10 月。

可作青饲料或晒制牧草。

知风草 Eragrostis ferruginea (Thunb.) Beauv.

多年生草本。秆丛生或单生，高 30-110 厘米。叶鞘两侧极压扁，均较节间为长，鞘口与两侧密生柔毛；叶舌退化为一圈短毛，长约 0.3 毫米；叶平展或折叠，上部叶超出花序之上。圆锥花序大而开展，分枝节密，每节生枝 1-3，向上；小穗柄中部或中部偏上有一腺体；小穗长圆形，有小花 7-12，多带黑紫色；颖开展，具脉 1，第一颖披针形，第二颖长披针形；内稃短于外稃。颖果棕红色，长约 1.5 毫米。花果期 8-11 月。

优良饲料，根系发达，固土力强，可作保土固堤之用；全草入药可舒筋散瘀。

野黍属 Eriochloa Kunth

野黍 Eriochloa villosa (Thunb.) Kunth

一年生草本。秆直立，高 30-100 厘米。叶鞘无毛或被毛或鞘缘一侧被毛，松弛包茎，节具髭毛；叶舌具长约 1 毫米纤毛；叶扁平，背面光滑，边缘粗糙。圆锥花序狭长，由总状花序 4-8 组成；总状花序密生柔毛，常排列于主轴之一侧；小穗卵状椭圆形；小穗柄极短，密生长柔毛；第二颖与第一外稃皆为膜质，等长于小穗，均被细毛；第二外稃革质，稍短于小穗，先端钝，具细点状皱纹。颖果卵圆形，长约 3 毫米。花果期 7-10 月。

可作饲料，谷粒含淀粉，可食用。

羊茅属 Festuca L.

苇状羊茅 Festuca arundinacea Schreb.

多年生草本。植株较粗壮，秆直立，平滑无毛，高 80-100 厘米。叶鞘通常平滑无毛；叶舌长 0.5-1 毫米，平截；叶扁平，边缘内卷，上面粗糙，下面平滑，基部具披针形且镰形弯曲而边缘无纤毛的叶耳。圆锥花序疏松开展，长 20-30 厘米；小穗绿色带紫色，成熟后呈麦秆黄色，含小花 4-5；颖片披针形，边缘宽膜质，第一颖具脉 1，第二颖具脉 3。颖果长约 3.5 毫米。花期 7-9 月。

小颖羊茅 **Festuca parvigluma** Steud.

多年生草本。秆较细弱，高 30-80 厘米，具节 2-3。叶鞘常短于节间；叶舌干膜质，长 0.5-1 毫米；叶扁平，基部具耳状突起。圆锥花序疏松柔软，下垂，分枝基部孪生，上部常单一；小穗淡绿色，含小花 3-5；颖片卵圆形，背部平滑，边缘膜质，顶端尖或稍钝；内稃近等长于外稃，顶端尖；子房顶端具短毛。花果期 4-7 月。

牛鞭草属 **Hemarthria** R. Br.

牛鞭草 **Hemarthria altissima** (Poir.) Stapf et C. E. Hubb.

多年生草本。秆直立，部分可高达 1 米，一侧有槽。叶鞘边缘膜质，鞘口具纤毛；叶舌膜质，白色，长约 0.5 毫米；叶线形。总状花序单生或簇生。无柄小穗卵状披针形；第一颖革质，等长于小穗，背面扁平，两侧具脊，先端尖或长渐尖，第二颖厚纸质，贴生于总状花序轴凹穴中，先端游离；第一小花仅存膜质外稃，第二小花两性，外稃膜质，长卵形，内稃薄膜质，长约为外稃的 2/3。有柄小穗长约 8 毫米，有时更长；第二颖完全游离于总状花序轴；第一小花中性，仅存膜质外稃，第二小花两稃均为膜质。花果期夏秋季。

柳叶箬属 Isachne R. Br.

柳叶箬 Isachne globosa (Thunb.) Kuntze

多年生草本。秆丛生，高 30-60 厘米。叶鞘短于节间；叶舌纤毛状；叶披针形，顶端短渐尖，基部钝圆或微心形，两面均具微细毛而粗糙，边缘质地增厚，软骨质，全缘或微波状。圆锥花序卵圆形，盛开时抽出鞘外，每一分枝着生小穗 1-3，分枝和小穗柄均具黄色腺斑；两颖近等长，坚纸质，顶端钝或圆，边缘狭膜质；第一小花通常雄性，第二小花雌性，近球形，外稃边缘和背部常有微毛。颖果近球形。花果期夏秋季。

白茅属 Imperata Cirillo

白茅 Imperata cylindrica (L.) Beauv.

多年生草本。具粗壮的长根状茎。秆直立，高 30-80 厘米。叶鞘聚集于秆基，甚至长于其节间，质地较厚；叶舌膜质，紧贴其背部或鞘口具柔毛；秆生叶通常内卷，顶端渐尖呈刺状。圆锥花序稠密，小穗长 4.5-5 毫米，基盘具长 12-16 毫米的丝状柔毛；两颖草质及边缘膜质，近相等，脉间疏生长丝状毛；第一外稃卵状披针形，长为颖片的 2/3，透明膜质，无脉，顶端尖或齿裂，第二外稃与其内稃近相等，长约为颖之半；柱头 2，紫黑色，羽状，自小穗顶端伸出。颖果椭圆形，长约 1 毫米。花果期 4-6 月。

落草属 Koeleria Pers.

落草 Koeleria cristata (L.) Pers.　FOC 已修订为阿尔泰落草 Koeleria macrantha (Ledeb.) Schult.

多年生草本。秆直立，高 25-60 厘米。叶舌膜质，截平或边缘呈细齿状；叶灰绿色，线形，常内卷或扁平，边缘粗糙。圆锥花序穗状，下部间断，草绿色或黄褐色，主轴及分枝均被柔毛；小穗含小花 2-3；颖倒卵状长圆形至长圆状披针形，先端尖，边缘宽膜质，脊上粗糙，第一颖具脉 1，第二颖具脉 3；外稃披针形，先端尖，具脉 3，边缘膜质，背部无芒，稀顶端具长约 0.3 毫米的小尖头；内稃膜质，稍短于外稃，先端 2 裂。花果期 5-9 月。

千金子属 Leptochloa Beauv.

千金子 Leptochloa chinensis (L.) Nees

一年生草本。秆直立，高 30-90 厘米。叶鞘多短于节间；叶舌膜质，常撕裂具小纤毛；叶扁平或多少卷折，先端渐尖。圆锥花序长 10-30 厘米，分枝及主轴均微粗糙；小穗多带紫色，含小花 3-7；颖具脉 1，脊上粗糙，第一颖较短而狭窄，长 1-1.5 毫米，第二颖长 1.2-1.8 毫米；外稃顶端钝。颖果长圆球形。花果期 8-11 月。

臭草属 Melica L.

广序臭草 Melica onoei Franch. et Sav.

多年生草本。秆少数丛生，高 75-150 厘米。叶鞘闭合几达鞘口，均长于节间；叶舌质硬，顶端截平；叶质地较厚，扁平或干时卷折。圆锥花序开展成金字塔形，每节具分枝 2-3；小穗绿色，线状披针形，含孕性小花 2-3，顶生不育外稃 1；颖薄膜质；外稃硬纸质，边缘和顶端具膜质，第一外稃具隆起脉 7；内稃顶端钝或有微齿 2，具脊 2。颖果纺锤形，长约 3 毫米。花果期 7-10 月。

细叶臭草 Melica radula Franch.

多年生草本。秆直立，较细弱，高 30-40 厘米，基部密生分蘖。叶舌短，膜质；叶常纵卷成线形。圆锥花序极狭窄，分枝少，直立，着生稀少的小穗或似总状；小穗柄短，顶端弯曲，被微毛；小穗淡绿色，长圆状卵形，含孕性小花 2（稀 1 或 3），顶生不育外稃聚集成棒状或小球形；颖膜质，长圆状披针形，两颖几等长；外稃草质，卵状披针形；内稃卵圆形，短于外稃。花果期 5-8 月。

臭草　**Melica scabrosa** Trin.

　　多年生草本。秆丛生，高 20-90 厘米，基部密生分蘖。叶鞘闭合近鞘口，下部者长于而上部者短于节间；叶舌透明膜质，顶端撕裂而两侧下延；叶较薄，扁平，干时常卷折。圆锥花序狭窄，分枝直立或斜向上升；小穗柄短，纤细，上部弯曲；小穗淡绿色或乳白色，含孕性小花 2-4（-6），顶端由数个不育外稃集成小球形；颖膜质，狭披针形，两颖几等长；内稃短于外稃或相等。颖果褐色，纺锤形。花果期 5-8 月。

乱子草属　**Muhlenbergia** Schreb.

多枝乱子草　**Muhlenbergia ramosa** (Hack. ex Matsum.) Makino

　　多年生草本。秆质较硬，高 30-120 厘米。叶鞘下部者短于而上部者长于节间；叶舌干膜质，截平；叶扁平，质较薄。圆锥花序狭窄，分枝单生或孪生，直立或稍开展，自基部即密生小穗或主枝下部裸露；小穗柄粗糙，短于小穗；小穗灰绿色稍带紫色，狭披针形；颖膜质，第一颖较第二颖稍短；外稃与小穗等长。颖果狭长圆形，长约 1.8 毫米，棕色。花果期 7-10 月。

日本乱子草 **Muhlenbergia japonica** Steud.

多年生草本。秆基部倾斜或横卧，光滑无毛，节上易生根，上部向上直立，高 15-50 厘米。叶鞘光滑无毛，多数短于节间；叶舌膜质，长 0.2-0.4 毫米，先端截平，纤毛状；叶扁平，狭披针形，先端渐尖，两面及边缘粗糙。圆锥花序狭窄，稍弯曲，每节具分枝 1，自基部生多数小枝和小穗；小穗灰绿色带紫色，披针形，长 2.5-3 毫米；颖膜质，先端尖，第一颖长 1.5-2 毫米，第二颖长 2-2.2 毫米；外稃与小穗等长，先端尖或具齿 2，具脉 3，主脉延伸成芒，芒通常为紫色，纤细，直立，长 5-9 毫米。花果期 7-11 月。

求米草属 **Oplismenus** Beauv.

求米草 **Oplismenus undulatifolius** (Arduino) Beauv.

秆纤细，基部平卧地面，节处生根，上升部分高 20-50 厘米。叶舌膜质，短小；叶扁平，披针形至卵状披针形，先端尖，基部略圆形而稍不对称。圆锥花序长 2-10 厘米，主轴密被疣基长刺柔毛，分枝短缩；小穗卵圆形，被硬刺毛，簇生于主轴或部分孪生；颖草质，第一颖长约为小穗之半，顶端具长 0.5-1 厘米硬直芒，第二颖较长于第一颖，顶端芒长 2-5 毫米；第一外稃草质，与小穗等长，顶端芒长 1-2 毫米，第一内稃通常缺；第二外稃革质，平滑，结实时变硬，边缘包着同质的内稃。花果期 7-11 月。

黍属 Panicum L.

细柄黍 Panicum psilopodium Trin.　FOC 已修订为 **Panicum sumatrense** Roth ex Roem. et Schult.

一年生簇生或单生草本。秆直立或基部稍膝曲，高 20-60 厘米。叶鞘松弛，压扁，下部的常长于节间；叶舌膜质，截形；叶线形，顶端渐尖，基部圆钝。圆锥花序开展，基部常为顶生叶鞘所包，上举或开展；小穗卵状长圆形，有柄；第一颖宽卵形，长约为小穗的 1/3，第二颖长卵形，与小穗等长；第一外稃与第二颖同形，近等长，内稃薄膜质，几与外稃等长，第二外稃狭长圆形，革质。花果期 7-10 月。

雀稗属 Paspalum L.

雀稗 Paspalum thunbergii Kunth ex steud.

多年生草本。秆直立，丛生，高 50-100 厘米，节被长柔毛。叶鞘具脊，长于节间，被柔毛；叶舌膜质；叶线形，两面被柔毛。总状花序 3-6，长 5-10 厘米，互生于主轴上，形成总状圆锥花序；穗轴宽约 1 毫米；小穗柄长 0.5-1 毫米；小穗椭圆状倒卵形，长 2.6-2.8 毫米；第二颖与第一外稃相等，膜质，具脉 3，边缘有明显微柔毛；第二外稃等长于小穗，革质，具光泽。花果期 5-10 月。

狼尾草属 Pennisetum Rich.

狼尾草 Pennisetum alopecuroides (L.) Spreng.

多年生草本。秆直立，丛生，高30-120厘米，在花序下密生柔毛。叶鞘光滑，两侧压扁，主脉呈脊；叶舌具长约2.5毫米纤毛；叶线形，先端长渐尖，基部生疣毛。圆锥花序直立，主轴密生柔毛；小穗通常单生，偶有双生，线状披针形；第一颖微小或缺，第二颖卵状披针形，先端短尖，长为小穗1/3-2/3；第一小花中性；第一外稃与小穗等长，第二外稃与小穗等长，披针形。颖果长圆形，长约3.5毫米。花果期夏秋季。

早熟禾属 Poa L.

早熟禾 Poa annua L.

一年生或冬性禾草。秆直立或倾斜，高6-30厘米。叶鞘稍压扁，中部以下闭合；叶舌长1-3毫米，圆头；叶扁平或对折，顶端急尖呈船形。圆锥花序宽卵形，开展；分枝1-3着生各节；小穗卵形，含小花3-5；颖质薄，具宽膜质边缘，顶端钝，第一颖披针形，长1.5-2毫米，具脉1，第二颖长2-3毫米，具脉3；内稃与外稃近等长。颖果纺锤形，长约2毫米。花期4-5月；果期6-7月。

草地早熟禾 **Poa pratensis** L.

多年生草本。秆疏丛生，直立，高 50-90 厘米，具节 2-4。叶鞘长于其节间，并较其叶长；叶舌膜质；叶线形，扁平或内卷，顶端渐尖。圆锥花序金字塔形或卵圆形；分枝开展，每节 3-5，二次分枝，小枝上着生小穗 3-6；小穗柄较短；小穗卵圆形，含小花 3-4；颖卵圆状披针形，顶端尖；外稃膜质，顶端稍钝，基盘具稠密长绵毛。颖果纺锤形，具棱 3，长约 2 毫米。花期 5-6 月；7-9 月结实。

硬质早熟禾 **Poa sphondylodes** Trin.

多年生，密丛型草本。秆高 30-60 厘米，顶节位于中部以下，上部常裸露。叶舌长约 4 毫米，先端尖；叶稍粗糙。圆锥花序紧缩而稠密，分枝 4-5 着生于主轴各节，粗糙，小穗柄短于小穗；小穗绿色，熟后草黄色；第一颖稍短于第二颖；外稃先端极窄，膜质下带黄铜色；内稃等长或稍长于外稃。颖果长约 2 毫米，腹面有凹槽。花果期 6-8 月。

棒头草属 Polypogon Desf.

棒头草 Polypogon fugax Nees ex Steud.

一年生草本。秆丛生，高 10-75 厘米。叶鞘光滑无毛，大都短于或下部者长于节间；叶舌膜质，长圆形，常 2 裂或顶端具不整齐的裂齿；叶扁平，微粗糙或下面光滑。圆锥花序穗状，长圆形或卵形，较疏松，具缺刻或有间断；小穗长约 2.5 毫米（包括基盘），含小花 1；颖长圆形，先端 2 浅裂，芒从裂口处伸出，细直；外稃光滑，长约 1 毫米，先端具微齿，中脉延伸成长约 2 毫米而易脱落的芒；雄蕊 3。颖果椭圆形，1 面扁平，长约 1 毫米。花果期 4-9 月。

鹅观草属 Roegneria C. Koch.　　FOC 已修订为披碱草属 Elymus L.

纤毛鹅观草 Roegneria ciliaris (Trin.) Nevski
FOC 已修订为纤毛披碱草 Elymus ciliaris(Trin. ex Bge.) Tzvelev

秆单生或成疏丛，直立，基部节常膝曲，高 40-80 厘米，常被白粉。叶鞘无毛；叶扁平，边缘粗糙。穗状花序常下垂，长 10-20 厘米；小穗通常绿色，长 15-22 毫米（除芒外），含小花 6-12；颖椭圆状披针形，先端常具短尖头，两侧或一侧常具齿，具脉 5-7，边缘与边脉上具有纤毛，第一颖长 7-8 毫米，第二颖长 8-9 毫米；外稃长圆状披针形，背部被粗毛，边缘具长而硬的纤毛，上部具有明显的 5 脉，第一外稃长 8-9 毫米，顶端延伸成粗糙反曲的芒，长 10-30 毫米；内稃长为外稃的 2/3，先端钝头，脊的上部具少许短小纤毛。

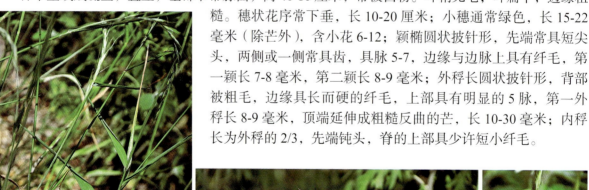

鹅观草 Roegneria kamoji Ohwi   FOC 已修订为柯孟披碱草 Elymus kamoji (Ohwi) S. L. Chen

秆直立或基部倾斜，高 30-100 厘米。叶鞘外侧边缘常具纤毛；叶扁平。穗状花序弯曲或下垂；小穗绿色或带紫色，含小花 3-10；颖卵状披针形至长圆状披针形，先端锐尖至具短芒，芒长 2-7 毫米，边缘为宽膜质，第一颖长 4-6 毫米，第二颖长 5-9 毫米；外稃披针形，具有较宽的膜质边缘，背部及基盘近于无毛或仅基盘两侧具有极微小的短毛，上部具明显的脉 5，脉上稍粗糙；第一外稃先端延伸成芒，芒粗糙，劲直或上部稍有曲折，长 20-40 毫米；内稃约与外稃等长。

可作牲畜的饲料，叶质柔软而繁盛，产草量大，可食性高。

狗尾草属 Setaria Beauv.

狗尾草 Setaria viridis (L.) Beauv.

一年生草本。秆直立或基部膝曲，高 10-100 厘米。叶鞘边缘具较长的密绵毛状纤毛；叶舌极短；叶扁平，长三角状狭披针形或线状披针形。圆锥花序紧密呈圆柱状或基部稍疏离，直立或稍弯垂，刚毛通常绿色或褐黄到紫红或紫色；小穗 2-5 簇生于主轴上或更多的小穗着生在短小枝上；第一颖卵形、宽卵形；第二颖几与小穗等长；第一外稃与小穗第长，其内稃短小狭窄；第二外稃椭圆形边缘内卷。颖果灰白色。花果期 5-10 月。

秆、叶可作饲料，也可入药，治痈瘀、面癣。

大油芒属 **Spodiopogon** Trin.

大油芒 **Spodiopogon sibiricus** Trin.

多年生草本。秆直立，通常单一，高 70-150 厘米。叶鞘大多长于其节间；叶舌干膜质，截平；叶线状披针形，顶端长渐尖，基部渐狭，两面贴生柔毛或基部被疣基柔毛。圆锥花序腋间生柔毛，分枝近轮生，下部裸露，上部单纯或具小枝 2；总状花序具有 2-4 节，节具髯毛；小穗草黄色或稍带紫色；第一颖草质，顶端尖或具微齿 2，边缘内折膜质，第二颖与第一颖近等长；第一外稃透明膜质，卵状披针形，与小穗等长；第二小花两性，外稃稍短于小穗，顶端深裂达稃体长的 2/3，自 2 裂片间伸出 1 芒；内稃顶端尖，下部宽大，短于其外稃。颖果长圆状披针形。花果期 7-10 月。

鼠尾粟属 **Sporobolus** R. Br.

鼠尾粟 **Sporobolus fertilis** (Steud.) W. D. Clayt.

多年生草本。秆直立，丛生，高 25-100 厘米。叶鞘疏松裹茎；叶舌极短，纤毛状；叶质较硬，通常内卷。圆锥花序较紧缩呈线形，常间断，或稠密近穗形，长 7-44 厘米，宽 0.5-1.2 厘米，直立；小穗灰绿色且略带紫色，无芒，含两性小花 1；颖膜质；外稃等长于小穗，先端稍尖；雄蕊 3。囊果长圆状倒卵形或倒卵状椭圆形，顶端截平。

菅属　Themeda Forssk.

黄背草　Themeda japonica (Willd.) Tanaka　　FOC 已修订为 **Themeda triandra** Forssk.

多年生簇生草本。秆高 0.5-1.5 米，实心，髓白色。叶鞘紧裹秆，背部具脊，通常生疣基硬毛；叶舌坚纸质，长 1-2 毫米；叶线形，长 10-50 厘米，边缘略卷曲，粗糙。大型伪圆锥花序多回复出，由具佛焰苞的总状花序组成，长为全株的 1/3-1/2；佛焰苞长 2-3 厘米；总状花序，由 7 小穗组成；第一外稃短于颖，第二外稃退化为芒的基部，芒长 3-6 厘米，1-2 回膝曲。颖果长圆形。花果期 6-12 月。

秆叶可供造纸或盖屋。

荻属　Triarrhena Nakai

荻　Triarrhena sacchariflora (Maxim.) Nakai　　FOC 已修订为 **Miscanthus sacchariflorus** (Maxim.) Hackel

多年生草本。秆直立，高 1-1.5 米。叶鞘长于或上部者稍短于其节间；叶舌短，具纤毛；叶扁平，宽线形，边缘锯齿状粗糙，基部常收缩成柄。圆锥花序疏展成伞房状，具较细弱的分枝 10-20，腋间生柔毛，直立而后开展；小穗柄顶端稍膨大，基部腋间常生有柔毛；小穗线状披针形，成熟后带褐色；第二颖与第一颖近等长；第一外稃稍短于颖，第二外稃狭窄披针形，短于颖片的 1/4，稀有芒状尖头 1；第二内稃长约为外稃之半。颖果长圆形，长 1.5 毫米。花果期 8-10 月。

优良防沙护坡植物。

结缕草属 **Zoysia** Willd.

结缕草 **Zoysia japonica** Steud.

多年生草本。具横走根茎，须根细弱。秆直立，高 15-20 厘米。叶舌纤毛状，长约 1.5 毫米；叶扁平或稍内卷，上面疏生柔毛。总状花序呈穗状；小穗卵形，淡黄绿色或带紫褐色，第一颖退化，第二颖质硬，略有光泽，顶端钝头或渐尖，于近顶端处由背部中脉延伸成小刺芒；外稃膜质，长圆形；雄蕊 3，花丝短，花柱 2，柱头帚状，开花时伸出稃体外。颖果卵形。花果期 5-8 月。

具横走根茎，易于繁殖，适作草坪。

86 香蒲科 Typhaceae ｜ 香蒲属 **Typha** L.

香蒲 **Typha orientalis** Presl.　　FOC 中文名为东方香蒲

多年生水生或沼生草本。地上茎粗壮，高 1.3-2 米。叶条形，横切面呈半圆形，细胞间隙大，海绵状；叶鞘抱茎。雌雄花序紧密连接；雄花序长 2.7-9.2 厘米，自基部向上具叶状苞片 1-3，雄花通常由雄蕊 3 组成，有时 2，或雄蕊 4 合生；雌花序基部具叶状苞片 1，孕性雌花柱头匙形，外弯，不孕雌花子房近于圆锥形，不发育柱头宿存。小坚果椭圆形至长椭圆形。种子褐色，微弯。花果期 5-8 月。

花粉即蒲黄，可入药；叶用于编织、造纸等；幼叶基部和根状茎先端可作蔬食；雌花序可作枕芯和坐垫的填充物。

87 百合科 Liliaceae ｜ 葱属 Allium L.

薤白 Allium macrostemon Bge. 小根蒜

基部常具小鳞茎，近球状；鳞茎外皮带黑色，纸质或膜质。叶 3-5，半圆柱状，中空，比花葶短。花葶圆柱状，高 30-70 厘米，1/4-1/3 被叶鞘；总苞 2 裂，比花序短；伞形花序半球状至球状，具多而密集的花，或间具珠芽或有时全为珠芽；珠芽暗紫色，基部亦具小苞片；花淡紫色或淡红色，花被片矩圆状卵形至矩圆状披针形，子房近球状，腹缝线基部具有帘的凹陷蜜穴，花柱伸出花被外。蒴果近球形。花果期 5-7 月。

鳞茎作药用，也可作蔬菜食用。

野韭 Allium ramosum L.

鳞茎近圆柱状；鳞茎外皮暗黄色至黄褐色。叶三棱状条形，中空。花葶圆柱状，具纵棱；伞形花序半球状或近球状，多花；花白色，稀淡红色，花丝等长，为花被片长的 1/2-3/4，基部合生并与花被片贴生，子房倒圆锥状球形，具圆棱 3，外壁具细的疣状突起。蒴果近圆球形。花果期 6-9 月。

叶、花可食用。

细叶韭 Allium tenuissimum L.

　　鳞茎数枚聚生，近圆柱状。叶半圆柱状至近圆柱状，与花葶近等长。花葶圆柱状，具细纵棱，光滑；总苞单侧开裂，宿存；伞形花序半球状或近扫帚状，松散；小花梗近等长；花白色或淡红色，稀为紫红色，外轮花被片卵状矩圆形至阔卵状矩圆形，先端钝圆，内轮的倒卵状矩圆形，先端平截或为钝圆状平截，常稍长，花丝基部合生并与花被片贴生，子房卵球状，花柱不伸出花被外。花果期7-9月。

球序韭 Allium thunbergii G. Don.　FOC 中文名为球序薤

　　鳞茎常单生，卵状至狭卵状，或卵状柱形；鳞茎外皮污黑色或黑褐色，纸质。叶三棱状条形，中空或基部中空。花葶中生，圆柱状，中空；总苞单侧开裂或2裂，宿存；伞形花序球状，具多而极密集的花；花红色至紫色，花被片椭圆形至卵状椭圆形，花丝等长，约为花被片长的1.5倍，子房倒卵状球形，腹缝线基部具有带帘的凹陷蜜穴，花柱伸出花被外。花果期8-10月。

　　鳞茎药用，有治疗痢疾的功效。

天门冬属 Asparagus L.

兴安天门冬 Asparagus dauricus Link

多年生直立草本，高 30-70 厘米。茎和分枝有条纹。叶状枝每 1-6 枚成簇，通常全部斜立，和分枝交成锐角；鳞片状叶基部无刺。花每 2 朵腋生，黄绿色；雄花花梗长 3-5 毫米，和花被近等长，关节位于近中部；雌花极小，花被长约 1.5 毫米，短于花梗，花梗关节位于上部。浆果直径 6-7 毫米，有种子 2-4。花期 5-6 月；果期 7-9 月。

长花天门冬 Asparagus longiflorus Franch.

草本，近直立，高 50-70 厘米。茎通常中部以下平滑，分枝平展或斜升。叶状枝每 4-12 枚成簇，伏贴或张开，近扁的圆柱形，一般伸直，长 6-15 毫米，通常有软骨质齿；茎上的鳞片状叶基部有长 1-5 毫米的刺状距，较少距不明显或具硬刺，分枝上的距短或不明显。花通常每 2 朵腋生，淡紫色；花梗长 6-12 毫米，关节位于近中部或上部；雄花花被长 6-7 毫米，花丝中部以下贴生于花被片上；雌花较小，花被长约 3 毫米。浆果直径 7-10 毫米，熟时红色，通常有种子 4。花期 5-7 月；果期 7-8 月。

南玉带 Asparagus oligoclonos Maxim.

直立草本，高 40-80 厘米。茎平滑或稍具条纹，坚挺，上部不俯垂；分枝具条纹，稍坚挺，有时嫩枝疏生软骨质齿。叶状枝通常 5-12 枚成簇，近扁的圆柱形，略有钝棱，伸直或稍弧曲，长 1-3 厘米；鳞片状叶基部通常距不明显或有短距，极少具短刺。花每 1-2 朵腋生，黄绿色；花梗长 1.5-2 厘米，少有较短的，关节位于近中部或上部；雄花花被长 7-9 毫米，花丝全长的 3/4 贴生于花被片上；雌花较小，花被长约 3 毫米。浆果直径 8-10 毫米。花期 5 月；果期 6-7 月。

龙须菜 Asparagus schoberioides Kunth

多年生直立草本，高可达 1 米。茎上部和分枝具纵棱，分枝有时有极狭的翅。叶状枝通常每 3-4 枚成簇，窄条形，镰刀状，基部近锐三棱形，上部扁平；鳞片状叶近披针形，基部无刺。花每 2-4 朵腋生，黄绿色；花梗很短，长 0.5-1 毫米；雄花花被长 2-2.5 毫米；雌花和雄花近等大。浆果直径约 6 毫米，熟时红色，通常有种子 1-2。花期 5-6 月；果期 8-9 月。

罗艳 摄

铃兰属 Convallaria L.

铃兰 Convallaria majalis L.

多年生草本。高 18-30 厘米，常成片生长。叶椭圆形或卵状披针形，先端近急尖，基部楔形。花葶高 15-30 厘米，稍外弯；花梗长 6-15 毫米，近顶端有关节，果熟时从关节处脱落；花白色，花丝稍短于花药，向基部扩大。浆果直径 6-12 毫米，熟后红色，稍下垂。种子扁圆形或双凸状，表面有细网纹。花期 5-6 月；果期 7-9 月。

带花全草供药用，有强心利尿之效。

万寿竹属 Disporum Salisb.

山东万寿竹 Disporum smilacinum A. Gray

多年生草本。植株较矮小，茎高 15-35 厘米。叶薄纸质，卵形至椭圆形，长 3-6 厘米，宽 1.5-3 厘米，先端渐尖，基部近圆形，有短柄。花白色，单朵生于茎顶端，有时为 2 花，花被片稍张开，宽披针形，花丝扁平，花柱连同 3 裂的柱头长 5-7 毫米，雌雄蕊不伸出花被外。浆果球形，黑色，直径约 1 厘米。花期 4-5 月；果期 9-10 月。

少花万寿竹 Disporum uniflorum Baker ex S. Moore

多年生草本。茎单一，高 20-80 厘米。叶片阔椭圆形至狭卵形，基部近圆形至楔形，先端渐尖至急尖。花序顶生，花 1-3；花圆柱状钟形，花被片黄色，倒披针形至倒卵形，雄蕊 1.8-2.8 厘米，花丝 1.5-2 厘米，子房 4-5 毫米。浆果成熟时蓝黑色，近球形，直径 8-10 毫米。花期 3-6 月；果期 7-11 月。

萱草属 Hemerocallis L.

黄花菜 Hemerocallis citrina Baroni

多年生草本，植株一般较高大。根近肉质，中下部常有纺锤状膨大。叶 7-20，长 50-100 厘米，宽 6-25 毫米。花葶基部三棱形，上部多少圆柱形，有分枝；苞片披针形，花被淡黄色，有时在花蕾时顶端带黑紫色，6 片。蒴果钝三棱状椭圆形。种子 20 多，黑色，有棱。花果期 5-9 月。

花蕾供食用。

萱草 **Hemerocallis fulva** (L.) L.

多年生草本。根近肉质，中下部有纺锤状膨大。叶带形，长 40-60 厘米，宽 2-3.5 厘米。花被橘红色至橘黄色，内花被裂片下部一般有"∧"形彩斑，开展而反卷。蒴果，种子黑色。花果期 6-9 月。

可供观赏。

百合属 **Lilium** L.

有斑百合 **Lilium concolor** Salisb. var. **pulchellum** (Fisch.) Regel

鳞茎卵球形；鳞片卵形或卵状披针形，白色。茎高 30-50 厘米。叶散生，条形，长 3.5-7 厘米，宽 3-6 毫米。花 1-5 排成近伞形或总状花序；花直立，星状开展，深红色，花被片有斑点，雄蕊向中心靠拢，子房圆柱形，花柱稍短于子房，柱头稍膨大。蒴果矩圆形。花期 6-7 月；果期 8-9 月。

鳞茎含淀粉，可供食用或酿酒，也可入药，有滋补强壮止咳之功效；花含芳香油，可作香料。

卷丹 Lilium lancifolium Thunb.　FOC 已修订为 **Lilium tigrinum** Ker Gawl.

鳞茎近宽球形；鳞片宽卵形，白色。茎高 0.8-1.5 米，带紫色条纹。叶散生，矩圆状披针形或披针形，上部叶腋有珠芽。花 3-6 或更多，苞片叶状，卵状披针形，花下垂，花被片披针形，反卷，橙红色，有紫黑色斑点，雄蕊四面张开，花药矩圆形，子房圆柱形，花柱柱头稍膨大，3 裂。蒴果狭长卵形。花期 7-8 月；果期 9-10 月。

鳞茎富含淀粉，供食用，亦可作药用；花含芳香油，可作香料。

山麦冬属 Liriope Lour.

禾叶山麦冬 Liriope graminifolia (L.) Baker

根细或稍粗，有时有纺锤形小块根。叶长 20-50 厘米，宽 2-3 毫米。花葶通常稍短于叶；总状花序具多花；苞片干膜质；花 3-5 通常簇生于苞片腋内，花被片狭矩圆形或矩圆形，先端钝圆，白色或淡紫色，花药近矩圆形，子房近球形。果实卵圆形或近球形，直径 4-5 毫米，初期绿色，成熟时蓝黑色。花期 6-8 月；果期 9-11 月。

块根可供药用，有清热养阴、润肺止咳的功效；可用作观赏。

山麦冬 **Liriope spicata** (Thunb.) Lour.

植株有时丛生。根近末端处常膨大成矩圆形、椭圆形或纺锤形的肉质小块根。叶长 25-60 厘米，宽 4-6 毫米，先端急尖或钝。花葶通常长于或几等长于叶；总状花序，花 3-5 通常簇生于苞片腋内；花被片矩圆形、矩圆状披针形，先端钝圆，淡紫色或淡蓝色，子房近球形，花柱长约 2 毫米，稍弯，柱头不明显。种子近球形，直径约 5 毫米。花期 5-7 月；果期 8-10 月。

块根可供药用，有清热养阴、润肺止咳的功效；可用作观赏。

鹿药属 **Smilacina** Desf.   FOC 已修订为舞鹤草属 **Maianthemum** F. H. Wigg.

鹿药 **Smilacina japonica** A. Gray   FOC 已修订为 **Maianthemum japonicum** (A. Gray) La Frankie

植株高 30-60 厘米。根状茎横走，多呈圆柱状，具叶 4-9。叶纸质，卵状椭圆形、椭圆形或矩圆形，先端近短渐尖；具短柄。圆锥花序具花 10-20；花白色，雄蕊基部贴生于花被片上，花药小。浆果近球形，直径 5-6 毫米，熟时红色，具种子 1-2。花期 5-6 月；果期 8-9 月。

根状茎药用，有消痈肿、补虚损的功效。

黄精属 Polygonatum Mill.

二苞黄精 Polygonatum involucratum (Franch. et Sav.) Maxim.

多年生草本。根状茎细圆柱形；茎高 20-50 厘米，具叶 4-7。叶卵形、卵状椭圆形至矩圆状椭圆形，长 5-10 厘米，先端短渐尖。花序具花 2，顶端具叶状苞片 2；苞片卵形至宽卵形，宿存，具多脉；花被绿白色至淡黄绿色。浆果直径约 1 厘米，具种子 7-8。花期 5-6 月；果期 8-9 月。

根状茎药用，有滋养的功效。

玉竹 Polygonatum odoratum (Mill.) Druce

多年生草本。根状茎圆柱形；茎高 20-50 厘米，具叶 7-12。叶椭圆形至卵状矩圆形，长 5-12 厘米，宽 2-4 厘米，先端尖，下面带灰白色。花序具花 1-4；无苞片或有条状披针形苞片；花被黄绿色至白色，花被筒较直。浆果蓝黑色，直径 7-10 毫米，具种子 7-9。花期 5-6 月；果期 7-9 月。

根状茎药用，系中药"玉竹"。

黄精 **Polygonatum sibiricum** Redouté

多年生草本。根状茎圆柱状，由于结节膨大，因此"节间"一头粗、一头细，在粗的一头有短分枝；茎高 50-100 厘米。叶轮生，每轮 4-6，条状披针形，先端拳卷或弯曲成钩。花序通常具花 2-4，似成伞形，俯垂；花被乳白色至淡黄色，全长 9-12 毫米，花被筒中部稍缢缩。浆果直径 7-10 毫米，黑色，具种子 4-7。花期 5-6 月；果期 8-9 月。

根状茎药用，有生津润肺、补中益气的功效。

绵枣儿属 **Scilla** L.　　FOC 已修订为 **Barnardia** Lindley

绵枣儿 **Scilla scilloides** (Lindl.) Druce　　FOC 已修订为 **Barnardia japonica** (Thunb.) Schult. et Schult.

鳞茎卵形或近球形，皮黑褐色。基生叶通常 2-5，狭带状，长 15-40 厘米，宽 2-9 毫米，柔软。花葶通常比叶长；总状花序具多数花；花紫红色、粉红色至白色，花被片近椭圆形、倒卵形或狭椭圆形，雄蕊生于花被片基部，稍短于花被片，子房基部有短柄，3 室，每室胚珠 1。果近倒卵形。种子 1-3，黑色，矩圆状狭倒卵形。花果期 7-11 月。

鳞茎含淀粉，可作工业用的浆料；鳞茎还可供药用，外敷有消肿止痛的功效。

菝葜属 Smilax L.

菝葜 Smilax china L.

多年生攀缘灌木。根状茎粗厚，坚硬，为不规则的块状。茎可达 5 米，疏生刺。叶薄革质或坚纸质，圆形、卵形或其他形状；叶柄长 5-15 毫米，约占全长的 1/2-2/3，具宽 0.5-1 毫米的鞘，几乎都有卷须。伞形花序生于叶尚幼嫩的小枝上，具花 10 余或更多，常呈球形；花绿黄色；雄花花药比花丝稍宽，常弯曲；雌花与雄花大小相似，有退化雄蕊 6。浆果熟时红色，有粉霜。花期 2-5 月；果期 9-11 月。

根状茎可以提取淀粉和栲胶，或用来酿酒；有些地区作土茯苓或萆薢混用，也有祛风活血作用。

白背牛尾菜 Smilax nipponica Miq.

一年生（北方）或多年生（南方）草本，直立或稍攀缘。有根状茎；茎长 20-100 厘米，中空，有少量髓。叶卵形至矩圆形，先端渐尖，基部浅心形至近圆形，叶背苍白色且通常具粉尘状微柔毛。伞形花序通常有花 10 余；花绿黄色或白色，盛开时花被片外折，花被片长约 4 毫米，内外轮相似，雄蕊的花丝明显长于花药，雌花与雄花大小相似，具退化雄蕊 6。浆果直径 6-7 毫米，熟时黑色，有白色粉霜。花期 4-5 月；果期 8-9 月。

根状茎曾被用来作舒筋活血的草药。

牛尾菜 Smilax riparia A. DC.

多年生草质藤本。茎长 1-2 米，中空，有少量髓，茎枝无刺。叶形状变化较大，叶背绿色，无毛；叶柄通常在中部以下有卷须。伞形花序总花梗较纤细，长 3-5 厘米；小苞片长 1-2 毫米，在花期一般不落；雌花比雄花略小，不具或具钻形退化雄蕊。浆果直径 7-9 毫米。花期 6-7 月；果期 10 月。

根状茎有止咳祛痰作用；嫩苗可供蔬食。

华东菝葜 Smilax sieboldii Miq.

多年生攀缘灌木或半灌木。具粗短的根状茎；茎上小枝常带草质，一般有刺。叶草质，卵形，长 3-9 厘米，宽 2-5 厘米，先端长渐尖，基部常截形；叶柄长 1-2 厘米，约占一半具狭鞘，有卷须。伞形花序具几朵花；总花梗纤细，通常长于叶柄或近等长；花绿黄色；雄花花被片长 4-5 毫米，内 3 片比外 3 片稍狭，雄蕊稍短于花被片，花丝比花药长；雌花小于雄花，具退化雄蕊 6。浆果直径 6-7 毫米，熟时蓝黑色。花期 5-6 月；果期 10 月。

郁金香属 Tulipa L.

老鸦瓣 Tulipa edulis (Miq.) Baker

鳞茎皮纸质，内面密被长柔毛。叶 2，长条形，长 10-25 厘米，远比花长，通常宽 5-9 毫米。花单朵顶生，靠近花的基部具对生（较少 3 轮生）的苞片 2，苞片狭条形，长 2-3 厘米，花被片狭椭圆状披针形，长 20-30 毫米，宽 4-7 毫米，白色，背面有紫红色纵条纹，雄蕊 3 长 3 短，子房长椭圆形，花柱长约 4 毫米。蒴果近球形，有长喙，长 5-7 毫米。花期 3-4 月；果期 4-5 月。

鳞茎供药用，有消热解毒、散结消肿之效，又可提取淀粉。

88 鸢尾科 Iridaceae | 鸢尾属 Iris L.

野鸢尾 Iris dichotoma Pall.

多年生草本。根状茎粗短。叶基生或在花茎基部互生，剑形，长 15-35 厘米，宽 1.5-3 厘米，顶端多弯曲呈镰刀形，渐尖或短渐尖，基部鞘状抱茎。花茎高 40-60 厘米，上部二歧状分枝，分枝处生有披针形的茎生叶；花序生于分枝顶端；苞片 4-5，内包含有花 3-4；花蓝紫色或浅蓝色，有棕褐色的斑纹，花被管甚短，外花被裂片宽倒披针形，上部向外反折，内花被裂片狭倒卵形，顶端微凹，花柱分枝扁平，花瓣状，长约 2.5 厘米，顶端裂片狭三角形。蒴果圆柱形或略弯曲。种子暗褐色，椭圆形。花期 7-8 月；果期 8-9 月。

根药用，能清热解毒、消炎散结。

马蔺 **Iris lactea** Pall. var. **chinensis** (Fisch.) Koidz.

多年生密丛草本。根状茎粗壮。叶基生，坚韧，灰绿色，条形或狭剑形，顶端渐尖，基部鞘状。花茎高 3-10 厘米；苞片 3-5，草质，内包含有花 2-4；花乳白色、浅蓝色，雄蕊花药黄色，花丝白色，子房纺锤形。蒴果长椭圆状柱形，有 6 条明显的肋，顶端有短喙。种子为不规则的多面体，棕褐色。花期 5-6 月；果期 6-9 月。

花药用，清热凉血、利尿消肿；种子药用，能凉血、止血、清热利湿；根药用，清热解毒；叶坚韧，可代麻用以缚物或造纸。

89 薯蓣科 Dioscoreaceae | 薯蓣属 **Dioscorea** L.

穿龙薯蓣 **Dioscorea nipponica** Makino

多年生缠绕草质藤本。根状茎横生，圆柱形。茎左旋。叶片掌状心形，变化较大；茎基部叶边缘作不等大的三角状浅裂、中裂或深裂；顶端叶片小，近于全缘。雌雄异株；雄花序为腋生的穗状花序，花序基部常由花 2-4 集成小伞状，花被碟形，6 裂，裂片顶端钝圆，雄蕊 6；雌花序穗状，单生，雌花具有退化雄蕊，雌蕊柱头 3 裂。蒴果成熟后枯黄色，三棱形，顶端凹入，基部近圆形，每棱翅状；每室种子 2。花期 6-8 月；果期 8-10 月。

根状茎含薯蓣皂苷元是合成甾体激素药物的重要原料；民间用来治腰腿疼痛、筋骨麻木、跌打损伤、咳嗽喘息。

薯蓣 **Dioscorea opposita** Thunb.　　FOC 已修订为 **Dioscorea polystachya** Turcz.

多年生缠绕草质藤本。块茎长圆柱形，垂直生长；茎右旋。叶在茎下部的互生，中部以上的对生，很少 3 叶轮生；叶变异大，卵状三角形至宽卵形或戟形，顶端渐尖，基部深心形、宽心形或近截形，边缘常 3 浅裂至 3 深裂；叶腋内常有珠芽。雌雄异株；雄花序为穗状花序，近直立，2-8 个着生于叶腋，雄蕊 6；雌花序为穗状花序，1-3 个着生于叶腋。蒴果不反折，三棱状扁圆形或三棱状圆形。种子着生于每室中轴中部。花期 6-9 月；果期 7-11 月。

块茎为常用中药，有强壮、祛痰的功效；可食用。

90 兰科 Orchidaceae ｜ 无柱兰属 **Amitostigma** Schltr.

无柱兰 **Amitostigma gracile** (Bl.) Schltr.

植株高 7-30 厘米。块茎卵形或长圆状椭圆形，肉质。茎基部具筒状鞘 1-2；近基部具大叶 1，在叶之上具苞片状小叶 1-2；叶片狭长圆形、长圆形、椭圆状长圆形或卵状披针形，直立伸展，先端钝或急尖，基部收狭成抱茎的鞘。总状花序，具花 5-20，偏向一侧；花小，粉红色或紫红色，合蕊柱极短，直立，花粉团卵球形，柱头 2，隆起，近棒状，从蕊喙之下伸出，退化雄蕊 2。花期 6-7 月；果期 9-10 月。

天麻属 Gastrodia R. Br.

天麻 Gastrodia elata Bl.

植株高 30-50 厘米。根状茎肥厚，块状，椭圆形至近哑铃形，肉质；茎直立，橙黄色、黄色、灰棕色或蓝绿色，无绿叶，下部被数枚膜质鞘。总状花序，通常具花 30-50；花扭转，橙黄、淡黄、蓝绿或黄白色，合蕊柱长 5-7 毫米，有短的蕊柱足。蒴果倒卵状椭圆形，长 1.4-1.8 厘米，宽 8-9 毫米。花果期 5-7 月。

天麻是名贵中药，用以治疗头晕目眩、肢体麻木、小儿惊风等症。

斑叶兰属 Goodyera R. Br.

小斑叶兰 Goodyera repens (L.) R. Br.

植株高 10-25 厘米。茎直立，绿色，具叶 5-6。叶片卵形或卵状椭圆形，上面深绿色具白色斑纹，背面淡绿色，先端急尖，基部钝或宽楔形；具柄，基部扩大成抱茎的鞘。总状花序，具花数至 10 余，密生，稍偏向一侧；花小，白色或带绿色或带粉红色，半张开，合蕊柱短，长 1-1.5 毫米，蕊喙直立，长 1.5 毫米，叉状 2 裂，柱头 1，较大，位于蕊喙之下。花期 7-8 月。

全草民间作药用。

羊耳蒜属 Liparis L. C. Rich.

羊耳蒜 Liparis japonica (Miq.) Maxim.　FOC 已修订为 Liparis campylostalix Rchb.

假鳞茎卵形。叶 2，卵形、卵状长圆形或近椭圆形，膜质或草质，先端急尖或钝，边缘皱波状或近全缘，基部收狭成鞘状柄。总状花序具花数至 10 余；花通常淡绿色，有时可变为粉红色或带紫红色，合蕊柱长 2.5-3.5 毫米，上端略有翅，基部扩大。蒴果倒卵状长圆形。花期 6-8 月；果期 9-10 月。

舌唇兰属 Platanthera Rich.

二叶舌唇兰 Platanthera chloranth (Cust.) Rchb.

　　植株高 30-50 厘米。块茎卵状纺锤形，肉质；茎近基部具彼此紧靠、近对生的大叶片 2。叶片椭圆形或倒披针状椭圆形，先端钝或急尖，基部收狭成抱茎的鞘状柄。总状花序，具花 12-32；花较大，绿白色或白色，中萼片直立，舟状，圆状心形，侧萼片张开，斜卵形，花瓣直立，偏斜，与中萼片相靠合呈兜状，唇瓣向前伸，舌状，肉质，距棒状圆筒形，蕊柱粗，退化雄蕊显著，蕊喙宽，带状，柱头 1。花期 6-8 月。

主要参考文献

陈汉斌，郑亦津，李法曾. 1990. 山东植物志（上卷）. 青岛：青岛出版社

陈汉斌，郑亦津，李法曾. 1997. 山东植物志（下卷）. 青岛：青岛出版社

中国科学院中国植物志编辑委员会. 1959-2004. 中国植物志（第1-80卷）. 北京：科学出版社

中国植物图像库. 2008. http://www.plantphoto.cn [2018-6-10]

Missouri Botanical Garden. http://www.tropicos.org [2018-6-15]

Wu CY, Raven PH, Hong DY. 1994-2013. Flora of China (Vol. 2-25). Beijing: Science Press; St. Louis: Missouri Botanical Garden Press

中文名索引

拉丁名索引